走近新科学

宇 宙

主 编：于 洋
撰 稿：于 洋 于 雷
　　　 王明强 孙 钟
　　　 王子军

吉林出版集团股份有限公司
全国百佳图书出版单位

图书在版编目(CIP)数据

宇宙 / 于洋主编. -- 2版. -- 长春：吉林出版集团股份有限公司, 2011.7 (2024.4 重印)

ISBN 978-7-5463-5739-3

Ⅰ.①宇… Ⅱ.①于… Ⅲ.①宇宙-青年读物②宇宙-少年读物 Ⅳ.①P159-49

中国版本图书馆 CIP 数据核字(2011) 第 136941 号

宇宙 Yuzhou

主　　编	于　洋
策　　划	曹　恒
责任编辑	李柏萱
出版发行	吉林出版集团股份有限公司
印　　刷	三河市金兆印刷装订有限公司
版　　次	2011 年 12 月第 2 版
印　　次	2024 年 4 月第 7 次印刷

开　　本　889mm×1230mm 1/16　**印张** 9.5　**字数** 100 千

书　　号　ISBN 978-7-5463-5739-3　　**定价** 45.00 元

公司地址　吉林省长春市福祉大路 5788 号　**邮编** 130000

电　　话　0431-81629968

电子邮箱　11915286@qq.com

编者的话

科学是没有止境的，学习科学知识的道路更是没有止境的。作为出版者,把精美的精神食粮奉献给广大读者是我们的责任与义务。

吉林出版集团股份有限公司推出的这套《走进新科学》丛书,共十二本,内容广泛。包括宇宙、航天、地球、海洋、生命、生物工程、交通、能源、自然资源、环境、电子、计算机等多个学科。该丛书是由各个学科的专家、学者和科普作家合力编撰的,他们在总结前人经验的基础上,对各学科知识进行了严格的、系统的分类,再从数以千万计的资料中选择新的、科学的、准确的诠释,用简明易懂、生动有趣的语言表述出来,并配上读者喜闻乐见的卡通漫画,从一个全新的角度解读,使读者从中体会到获得知识的乐趣。

人类在不断地进步,科学在迅猛地发展,未来的社会更是一个知识的社会。一个自主自强的民族是和先进的科学技术分不开的,在读者中普及科学知识,并把它运用到实践中去,以我们不懈的努力造就一批杰出的科技人才,奉献于国家、奉献于社会,这是我们追求的目标,也是我们努力工作的动力。

在此感谢参与编撰这套丛书的专家、学者和科普作家。同时,希望更多的专家、学者、科普作家和广大读者对此套丛书提出宝贵的意见,以便再版时加以修改。

目　录

太阳不是圆球体

　　人们早就怀疑，太阳是否真像球一样圆。于是，许多科学家便开始探测太阳的形状，海尔和古德就是其中的一组人员。由于太阳光太强，直接观测太阳是不可能的。因此，海尔想出了个聪明的办法——他把望远镜中看到的大部分太阳遮蔽起来，只让它的一小段边缘光进入摄谱仪，随着太阳的转动，向地球接近的一侧太阳的边缘产生"蓝移"，远离地球的一侧产生"红移"，这样积累起太阳的边缘形象，就能获得太阳的真实形状。海尔他们所获得的结果是很令人吃惊的，原来太阳并不像人们（包括著名物理学家爱因斯坦在内）所想象的那样是个球体，而是太阳赤道略微突出的扁圆体。并且太阳旋转时还会发生强烈的颤动，正是这种颤动使太阳"唱起歌"来。

　　根据他们的观测，太阳表面与其核心的旋转速度大不一样，太阳核心的旋转周期约为 3.5 天，而其表面的旋转周期却是 25 天，核心与表面的旋转速度竟然相差 7 倍。古德认为，从理论上来说，这样大的差异也就使太阳出现了一种"引力拉伸"，并且把太阳"拉"成了扁圆形。

太阳的体温

19 世纪，人们测量到这样一个数字：在地球上每平方厘米的面积上，每分钟接受到的太阳辐射热量是 1.95 卡。这些热量到底是多少呢？我们知道，太阳和地球之间相距 1.5 亿千米，太阳的光和热是向四面八方辐射的，我们地球表面接收到的热量只是太阳总辐射热的很小一部分。这就是说，假如把太阳包在一个大球中，这个大球的半径恰好是太阳和地球之间的距离，那么，在这个大球面上，每平方厘米的面积都能在 1 分钟内接受到 1.95 卡的热量。只要算出这个火球的面积，就能知道太阳每分钟里的总辐射热。问题倒不复杂，只是数大了点，太阳的总辐射热大约是 6000 亿亿亿卡。

辐射热量和温度有关系吗？有。比如火炉，人在旁边会感到更热。换句话说，这时候添的煤多，炉火烧得旺，它的温度就高，向外边辐射的热量就多。人们要是知道温度和辐射热量的确切关系，不就能根据太阳的辐射热算出它的温度了吗？19 世纪末，科学家们终于找到了反映辐射热量与温度关系的辐射定律。

由于实验的方法不同，总结出来的辐射定律有几种，尽管根据每一定律算出来的太阳温度不完全一样，但在 5500～6000 摄氏度之间，所以人们一般就笼统地说，太阳的表面温度大约是 6000 摄氏度。

离太阳的远与近

如果地球是依着真正的圆形轨道运行，而太阳又正在这个圆形轨道的中心，那么中午我们离太阳较近。但是，地球的轨道是椭圆形的，而太阳正位于它的焦点上。因此，地球离太阳有时近有时远。在上半年地球逐渐离开太阳，到了下半年又逐渐接近太阳。因此，在上半年里，我们在中午比傍晚和清晨离太阳远些，而在下半年，我们在中午比傍晚和清晨离太阳近些。那么，在上半年里，为什么也是中午热而早晚凉呢？

太阳是一个炽热的球体，表面温度就有 6000 摄氏度。地球上的热量主要来源于太阳的光热。白天，太阳以电磁波的方式向地面辐射，太阳辐射光贯穿大气层。穿过大气层的太阳辐射能，一小部分反射到大气中去，大部分被陆地和海洋表面吸收，使地面和海面增温。在陆面和海面增温的同时，又以辐射的方式放出热量，使近地面的大气增温。地球表面包围着一层大气，旭日初升，光线是斜穿大气层到达地面，中午是近乎直穿大气层到达地面。斜穿经过大气层的路程长，被吸收去的热量就多；直穿时经过的路程短，被吸收的热量就少。斜穿的时候，地面单位面积上的照度小，因而热量少；直穿热量多。另外，早上太阳刚出来时，地面热量尚未积蓄，晚上热量正逐渐消失，没有中午热积蓄得多，所以中午热而早晚凉。

人追赶不上太阳

传说，在大荒山里住着一个巨人，名叫夸父。他看到每天太阳落山以后，大地便是一片黑暗，心想，要是能捉住太阳，不让它落山，世界就会永远光明。于是，他放开大步向西跑去。他跑啊跑，终于跑到了太阳旁边。灼热的太阳晒得他口干舌燥，七窍生烟。他趴在渭水边上，一口气喝干了渭水，又把黄河一饮而尽，但后来他还是渴死了。夸父临死前，把拐杖扔了出去，拐杖马上变成了一片树林，树上果实累累，为后来追赶太阳的人解渴。从这个神话故事中可以看出，古人很早就认识到太阳东起西落是不可抗拒的自然规律。

科学发达以后，人们知道，在地球上看到太阳东升西落，是地球自转造成的。地球24小时自转一圈，即360度，相当于每小时转15度。一个圆球旋转时，球面上各点速度大小是不相等的，地面上离旋转轴远的点，速度大；离旋转轴近的点，速度小。在赤道地区，地面到地球自转轴的距离最远，正好等于地球的半径6378千米。随着纬度的增加，地面到自转轴的距离逐渐缩短。那么，赤道地区的速度有多大呢？赤道周长接近4万千米。地球在赤道地区的速度是每秒464米，所以，人靠两腿奔跑，是无论如何也追不上太阳的。

太阳的诞生

50 亿年前,在离银河系中心大约 33 亿千米的地方,有一大团云雾状的东西叫星云。太阳就诞生在这团星云中。虽然这团太阳星云早就没有了踪迹,但在银河系内,这类孕育原始恒星的星云非常多。

在时间的长河中,星云物质并不是永远稀疏地存在着,它们在靠拢,向中心聚合,向内部收缩。星云物质向内收缩的力叫引力,受热而运动向外膨胀的力叫斥力,以收缩为主。收缩过程使星云的中心物质形成了一个密度大、温度高的核心——太阳胎。

太阳胎形成了,但是它还不会发光,因为温度还十分低。这时候外部的物质不断地降落到太阳胎上,强烈的冲击波使它的"体温"上升了。直到太阳胎中心的"体温"上升到超过 1 万摄氏度,表面温度达到 2000~3000 摄氏度,太阳胎就发出了红光,成为原始的太阳。

原始太阳继续缓慢地收缩着,它的中心温度、密度、压力越来越高。当中心温度达到 1000 万摄氏度时,太阳开始燃烧起来。不过,太阳内部燃烧的不是煤和石油,而是氢。在高温的环境下,氢原子核周围的电子被撞击,氢原子核之间互相碰撞,这场剧烈的运动就是热核反应,它表明太阳已进入了中年时期。

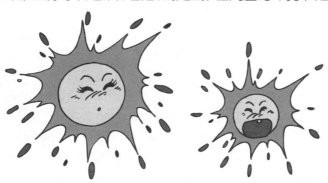

太阳也会老

据计算，太阳内部中心部分的氢将最先消耗完毕，然后被由氦组成的核心所代替。氦核形成以后，太阳的中心由一个产生能量的地方变成了一个不产生能量的地方，而它的外面是正在燃烧着的
氢层，再外面是没有燃烧的氢组成的壳层，于是，斥力和引力之间的平衡遭到了破坏，新的收缩过程又开始了。氦核收缩时，要放出大量的热量。这些热量一方面使氦核的温度升高，另一方面将热量输送到外面，使外层受热膨胀，表面积迅速增大。这种里面收缩、外面膨胀的过程进行得极快，结果使太阳变成了一个体积很大、发红光的红巨星，表明它已衰老。

当太阳的中心已无能量发生时，内部的物质在强大的引力作用下迅速向中心坍缩。坍缩时会发生强烈的冲击波，把外部的物质猛烈地抛向星际空间，成为包围在外面的十分稀薄的星云。太阳的中心部分，却被压缩得又紧又密，体积越缩越小，温度升得很高，发出强烈的白光，人们叫它白矮星。白矮星靠冷却来发光，大约经历几千亿年能量耗尽，成为一颗不发光、冷冰冰、个儿不大的黑矮星。从红巨星到白矮星，再到黑矮星也就结束了太阳的全部生命史。不过，这个过程是很长很长的，是 50 亿年以后的事。

太阳元素的发现

在日全食的时候，常常可以看到一股股巨大的火焰从色球层升腾而起，有时候可以上升到 100 万千米那么高。这就是"日珥"。1860 年 7 月 16 日，在西班牙发生日全食，许多天文学家画下了自己看到的日珥形象，但是大家并不明白日珥中有些什么东西。1868 年 8 月 18 日，在印度又发  生了日全食。法国天文学家让桑带着分光镜赶赴现场。他从分光镜里看见日珥光谱中有条陌生的黄色谱线。这条黄线非常明亮，当时的化学家和物理学家都没有见过，也不了解它。

第二天，日珥淹没在耀眼的太阳光中。让桑又把分光镜对准了太阳边缘上昨天看见日珥的地方。果然，这条明亮的黄线再次出现了。他立即向法国科学院报告自己的发现。但是，他在路上走了两个多月，10 月 26 日才到巴黎。就在收到让桑来信的同一天，法国科学院还收到了英国天文学家洛克耶 10 月 20 日写的一封信。原来他在英国也发现了日珥光谱中有这样一条明亮而陌生的黄线。

这条黄线跟当时已知的所有化学元素的谱线都不相同，因此它必定是由一种人类还没有发现的元素发出的。洛克耶把它命名为"氦"，意思是"太阳元素"，因为它最早是在太阳上发现的。

最早的日食记录

在《书经·夏书·胤征篇》里，记载有当时天文官羲和，因为没有预告日食，造成人们惊慌失措，被国君仲康杀掉的故事。这次日食发生在公元前2137年10月22日，也是全世界最早的日食记录。

公元前1217年5月26日，居住在我国河南省安阳的人们，正在从事着各种各样的正常活动，可是一件惊人的事情发生了。人们仰望天空，只见光芒四射的太阳，突然间发生缺口，光色也暗淡下来。但是，在缺了很大一部分之后，却又开始复圆了。这是人类历史上关于日食的又一次可靠的记录，它刻在一片甲骨上。

《诗经·小雅·十月之交》里载有："十月之交，朔月辛卯，日有食之。"这次日食是在公元前776年，比希腊人泰耳所记的日食早191年。

我国古代对日食的观察，保持了记录的连续性。例如在《春秋》这本编年史中就记载了由公元前770年到公元前476年的244年间的37次日食。从3世纪开始对于日食的记录，更是一直持续到近代。

公元前
2137年
10月22日

对于日食的成因和周期性，我国古代科学家也作了不少研究，并早就有了比较深刻的认识。如成书于公元前100年左右的《史记》已经有了日食周期的记载。

日食的形成

　　早在战国时代，我国有个叫石申的人，认为日食可能和月亮有关系。到了西汉末年，刘向更明确地表示："日食者，月往蔽之。"认为发生日食，是因为月亮挡住了太阳。在 2000 年以前，这是很卓越的见识，即使在今天，仍然是正确的。因为月亮是绕着地球转的。月亮正好运行到太阳和地球之间，三个星球在同一条直线上，月亮挡住了射到地球上来的一部分太阳光，就会发生日食。

　　由于月亮比地球小，离地球也比较近，月亮不能把照到地球上来的太阳光全部挡住，只能挡住射到某个地区的这一部分阳光，所以，每次日食只有一小部分地区看得到。

　　就地球上的一个地方来说，如果看到太阳光完全被月亮挡住了，那就是日全食；如果只挡住太阳边上的一部分，那就是日偏食。还有遮住了太阳中央的绝大部分地方，只是在太阳周围留下了一圈狭窄的亮环，就叫作日环食。根据太阳、地球和月球运行的轨道，就可以推算出发生日食的时间和地点。

　　在一般情况下，每年至少有两次日食，最多时 4~5 次，可是发生日全食的机会是很少的。它轮流发生在世界上不同的地方，对于住在一个固定地点的居民来说，平均要 300 年才能遇到一次。

日、月食发生时间

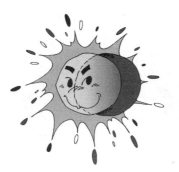

当月球围绕地球转到太阳和地球之间，正好以暗的那一面对着地球，这时在地球上看不见月亮，称为"新月"或"朔"。农历初一前后正是这种情形。过了大约半个月，月球便转到了地球的另一面，使地球位于太阳和月亮之间，月球正好将它亮的一面对着地球，所以在地球上看来，月球像个亮的大圆盘，这时称为"满月"或"望"。我们知道，必须日、地、月三者在一条直线上，才会发生日食或月食，而只有在"朔"和"望"的时候三者才处在一条直线上，所以日食必在农历初一前后，月食必在农历十五前后发生了。

这样一来，不是每月初一都要发生日食，农历每月十五都要发生月食了吗？事实并非如此。原来，地球绕太阳旋转的那个平面和月球绕地球转的那个平面并不重合，而是以 5 度 08 分 43.43 秒的角度斜交的。所以月球有时在地球轨道面的上面，有时又在下面，只有当月球走到它的轨道面和地球的轨道面相交的地方时，月球才会和地球与太阳在同一平面上，这时如果正好是"朔"，则日、月、地三者恰好成一直线，就会发生日食；如果这时正好是"望"，就发生月食了。否则，即使是在"朔"时，月球也不会把太阳挡住，因为这时，月球不是在比太阳和地球"高"的地方，就是在"低"的地方，三者不能成一条直线，也就不能发生日食或月食了。

日 珥

1981 年 8 月，南京紫金山天文台观测到一次持续两个小时的特大太阳爆发，并观测到强烈的边缘耀斑状爆发日珥和耀斑。这是怎么回事呢？

太阳爆发是指猛烈的太阳活动。

太阳是由太阳

日珥

大气构成的一个庞大、炽热的气体球，其大气层由里往外可分为光球、色球和日冕三层。就总体而言，太阳是一个稳定、平衡、发光的气体球，但它的大气层却处于局部的激烈运动中。这种局部的太阳大气的激烈运动，称为"太阳活动"。我们在地球上要知道太阳活动强弱的尺度，主要是通过观测太阳活动现象，如黑子群的出没、日珥的变化、耀斑的爆发及各种太阳射电的爆发等现象，并进行研究确定。

日珥是突出日面边缘的一种美丽的太阳活动现象，因形似人耳，故称"日珥"。日珥比太阳圆面的光线要暗弱得多，平时为日晕所淹没，不能直接被人们所观察到，只有在日全食或使用太阳分光仪、单色光观测镜等仪器，才能看到。天文学家根据日珥的形态和运动的特征，分成了六大类：即活动日珥、爆发日珥、黑子日珥、龙卷日珥、宁静日珥和冕珥。

有棱有角的太阳

　　1933年9月，美国学者查贝尔来到美国西海岸高纬度的地方观看日落。黄昏时分，一轮又红又大的太阳慢慢西沉。突然，奇迹出现了：先是圆圆的太阳变成了椭圆形，接着又变成了馒头形，上圆下平。渐渐地，太阳的上半部也被削平了，出现了4个棱角，成了一个罕见的方太阳！查贝尔把这个奇景拍成了一组照片，引起了人们的很大兴趣。

　　太阳为什么会变成有棱有角的方形呢？

　　原来，这是大气"哈哈镜"耍的把戏。因为在高纬度地区靠海面或地面的空气温度低而且密度大，越向上温度越高，密度也越小。当靠近地面或海面的阳光从这种密度不同的大气中通过时，就会发生折射。随着太阳的下沉，太阳的下半部光线会折射得非常厉害，就像刀子削过那样平直。随着太阳继续下沉，上半部也进入低空大气层时，太阳的上下都成了直线形，形成"方太阳"。不过，这种情况必须发生在极地和高纬度地区，而且要在无风无云、空中没有冰晶雾的严格条件下才能产生，所以非常罕见。

幻 日

　　1986年12月19日上午9点多,西安地区上空东南方出现了5个犹如太阳的亮斑,人们称它"幻日"。

　　幻日是一种自然界的光学现象。在地球上的天空被浓厚的大气包围,其中也有水蒸气和小冰晶。它们在一定的条件下,可变成非常小的柱状或片状的雨滴或水汽,从高空徐徐下降,因受日(月)光的照射而产生折射。因日光是由红、橙、黄、绿、青、蓝、紫7种色光组成,由于不同色光的折射率不同,被柱状或气状的雨滴或冰片折射后,偏转的角度也不同,这样形成的内红外紫的彩色光环,叫晕。由于水滴的形状、大小不同便产生两种不同的晕,其中气状水滴所形成的是较强的内晕,最小偏向角约为22度;而穿过气状水滴所形成的是半径较大的彩色光环,这就是外晕,其最小偏向角约为46度。只有在满足最小偏向角的条件下观察,才能形成晕。

　　在冬天,当高空的水滴凝结成细小的六棱形冰柱时,如果太阳光从侧面进入冰柱,而且能满足最小偏向角的条件,会在内、外晕之间,靠近太阳两旁,与当地太阳同一高度的地方出现幻日。幻日的多少、暗明、大小随着高空小冰柱的分布情况而异。

太阳绿光

1979 年 7 月 20 日傍晚，一艘波兰船"晨星"号从旧金山经赤道，驶进萨摩亚以西的海域时，突然，一名舵手激动地喊道："快看哪！太阳绿光！"可是，当人们顺着他的手指望去时，只有落日的余晖，绿色已经消失了。然而，太阳绿光确实存在。不过，它的出现需要一定条件。通常在空气干燥，能见度好，落日处的地平线很平，而且清晰，没有树林、建筑物、烟雾等障碍物遮挡的情况下，才有可能出现这种绿光。所以，在海上或住在海边的人比较容易看见。神奇的太阳绿光是怎样形成的呢？

原来，太阳光是由 7 种颜色的单色光混合而成的。而大气层由于上下密度的不同，恰似一个棱角朝天的大"气体三棱镜"。当太阳光线穿过大气层时，就会发生色散，分解成 7 种颜色的光。当太阳靠近地平线时，色散作用增强，太阳光就被分解成了 7 种颜色。红光波长最长，折射角最小，故排列在最下边，紫光波长最短，折射角最大，故排列在最上边，其余各色光以此类推。随着落日，红色光最先没入地平线，紧接着是橙光、黄光。这时，地平线上还有绿光、青光、蓝光和紫光。但是，由于紫、蓝、青等短波光被大气所散射掉了，因此，这时唯有绿光能穿过大气层到达我们眼里。绿光存在的时间短暂，最长不超过 3 秒，最短不到 1 秒。

山中幻影

有一次,登山运动员在爬阿尔卑斯山时,忽然遇上了绵绵细雨,一会儿雨过天晴,天空重新又出现了一轮炎热的红日。登山运动员们继续向前行进,当他们登上山顶时,突然发生了一件意外的事情,就在第一个运动员踏上崖石的一刹那,在东方云朵的背景里,突然出现了一个巨大的人影,人影的周围环绕着一个像虹一样的彩色光环。他向上举起自己的木棍,那个巨影也做着一模一样的动作,使人感到很奇怪。其实,这种现象发生的原因非常简单。

我们可以想象一下这样的景色:太阳刚升起来或是刚落下去的时候,太阳对面的天空还有云或浓雾,射在人的身上,于是人的影子就投射在这上了。倘若这种云层相当厚,那么就会像在巨大的银幕上一样,上面会映出一个巨大的人影来。

同时,由于空气中经常有很多小水珠和小冰晶,当阳光通过这些水珠和晶体在空气里所形成的细小间隙时,光线就像在三棱镜里一样会发生折射而分散开来,形成单彩虹。山中幻影周围的巨大彩色光环,就是由于这种原因引起的。

双 虹

不论夜虹或昼虹，都是呈半圆形或弧形的彩带，横跨在天空。这是因为当我们观察彩虹的时候，我们只能够看到从某些水滴投射到我们眼里的各种有色光线。这些水滴在空中都是按圆周排列的，在这个圆周上，所有的水滴都居于向着太阳而又向着观察者的位置。只有从这个圆周上的水滴里所反射出来的彩虹光线，才会落入我们的眼帘，因此在我们这里的虹都呈弧状。

彩虹有时同时出现两条，这有两个成因：一个是由于太阳光在水滴里的两次完全反射形成的。常见的虹是由一次内反射而成，但由于光线射入水滴的角度不同，光线会在水滴内发生反射两次，因而在虹的上方又形成了一条彩色较淡的光弧，这叫作"霓"，也叫"副虹"。因为霓经过了两次内反射，它的光序颠倒，所以光谱的排列与虹相反。另一个成因是由于水面反射光线形成的。这种现象在宽阔的水面上可以发生。比如1961年观察到的夜虹是在太平洋地区，当太平洋水面很平静时，就能把月光强烈地反射到空中的水滴上，这种光线是从下向上射入水滴，在水滴里也是经过两次内反射，因此，它的形状和霓一样。

除此以外，有时候天空还会出现三条，甚至更多的虹。

夜虹的形成

1961 年 1 月 5 日晚间 10 点钟，苏联科学考察船 "尤·米·绍卡尔萦基" 号上的科学家，在太平洋热带地区，观察到了自然界的一个罕见现象——夜虹。

夜虹是怎样形成的呢？要揭开这个天象之谜，我们得先从虹的成因谈起。

虹形成的基本原理，就是在雨后初晴的时候，天空中还飘浮着大量的水滴，此时阳光照射到这些水滴上，经过折射、内反射、再反射，把白色的太阳光分解成红、橙、黄、绿、青、蓝、紫 7 种有色光线。无数水滴把这些有色光线集合之后，反映到太阳相对面的天际，形成灿烂缤纷的彩带，这时我们就看到一弯绚丽夺目的七色虹了。

这种常见的虹都是由太阳光直接照射小水滴形成的。但有时间接反射的阳光照射到空中的水滴里，也能形成虹。夜虹，就是由间接的阳光——月球反射太阳的光(即月光)造成的。

当明月当空的时候，月光照射到对面有大量小水滴悬浮着的天空，这时就会出现夜虹奇景。因为月光是太阳光的反射光，所以夜虹光色的排列次序和昼虹一样，成虹道理也相同。只是月光比日光弱得多，因而夜虹也就比昼虹暗淡，难以被人们发现。

极 光

　　极光起源于太阳表面,在那里电子和质子汽化,然后以每秒几百千米的高速度离开太阳进入行星际空间。当太阳风接近地球时,稀薄的等离子体与起保护作用的地球磁场相撞并在磁场周围运动。高速的太阳风改变了地球磁场的形状,使它成为一个彗星形的空穴,称为磁大气层。这个磁保护层朝向太阳的"头部",从地球伸展出去约有6万多千米,而背着太阳的"尾部"伸展出去达几百万千米长。太阳风顺着这个磁空穴边缘吹时,有一些粒子渗透到里面,变成一个巨大蓄能器的一部分,叫作等离子层。这个等离子层沿着整个磁尾长度分布,渗入的太阳风粒子被流动的等离子层带回地球,最后落到这些漏斗的边缘,悬在两极的上空。

　　在每个地磁极的周围,就是磁漏斗接触高层大气的地方,始终有一圈发光体存在。从人造卫星的专用摄像机看去,这个椭圆形的极光圈就像一个闪闪发光的王冠罩在地球上,随着进到里面去的电流的大

小而发光、变暗、收缩或膨胀。沿地球磁场磁力线流入的极光粒子构成一幅薄薄的发光帷幕,挂在地球上空96～160千米的空中。其中的原子氧使极光呈现黄绿色,有时还会使极光带上血红色。如果电子的能量大到足以渗透到90多千米的高度,它们就会使氮分子发射出一种深红色,这就是极光幕有时出现红色的原因。

希腊妇女战舰队

传说，公元前 214 年，罗马舰队曾逼近希腊的叙拉古，迎战的却是许多手里拿着小镜子的希腊妇女。一声令下，许多镜子把太阳光投射到罗马舰队的木头舰船上，聚成了一个焦点，结果引起了一场大火，埋葬了侵略者。这段动人的古希腊传说，除了告诉人们侵略者的必然下场外，还叙述了一个朴素的真理：太阳是光和热的源泉，是能量的源泉。

太阳直径大约是 139.06 万千米，它所喷发的巨大火焰高达 100 多万千米。太阳表面的温度是 6000 摄氏度，其中心温度高达 1500 万～2000 万摄氏度！在 1 秒钟里，从太阳那里辐射出来的热量，就等于燃烧 115 亿吨煤，倘若把这些热量集中起来，能在 1 小时内，融化掉覆盖着地球的 1000 千米厚的冰层。而这一难以估量的巨大能量，只不过占太阳总能量的二十亿分之一而已。

据计算，地球平均每 10 天接受太阳辐射的热量，就等于全世界全部储藏煤的总发热量。若能把太阳赋予人们的所有能量都利用起来，将会发挥出不可估量的作用。可惜，地球只利用了大约 6% 的能量来驾驭空气流动，5% 驱使江河奔流蒸腾，生云致雨，3% 使植物发育生长。

太阳能

我国劳动人民早在唐朝时，就掌握了利用太阳能的技术。历史上有关于"阳燧"的记载，就是用铜质凹面镜为主体，使阳光反射凝聚一点，成为高温取火的办法。今天看来，这正是近代太阳能热水器的雏形。

但是，大规模地利用太阳能，还是最近几十年的事。

太阳能干燥器——用以烘干水果、蔬菜、粮食、棉花、烟草、蚕茧，以及纺织品和砖、瓦等建筑材料。

太阳能热水器——可生产 40～60 摄氏度的热水，做医院、旅馆、浴池、农场、建筑工地、体育馆、厂矿、学校等生活用水，也可做工业和锅炉的预热水。

荷花式太阳灶——撑开时，像一把倒置的伞，对准太阳光就可以煮饭、做菜、烧水；收拢时，像一朵大荷花，便于挪动或保养。还有适于野外分散作业人员使用的箱式太阳灶，它具有受光面积大、效率高、重量轻、携带方便等特点。

小型的太阳能电站最适合无电、缺电地区，特别是边远地区农村作为动力源。此外，还可以利用太阳能净化废水，处理钢筋混凝土制品，解决冬季住房和温室取暖等。

太阳辐射

太阳是一个极为炽热的气体球。它时刻不停地以电磁波的形式向宇宙空间放射大量的光和热，这种传递能量的过程称为辐射。太阳以这种辐射方式放出的能量，叫作太阳辐射能。一个物体的辐射性质，常以辐射波长和辐射强度来表示。太阳辐射的波长范围很广，但其辐射能的绝大部分集中在 0.15～4 微米之间。太阳辐射能按波长的分布，称为太阳辐射光谱。太阳辐射光谱包括紫外线、可见光和红外线三大部分。

太阳每秒钟向宇宙空间放射的能量，相当于燃烧 11.6 万亿吨煤所产生的热量。然而，太阳辐射能量是向四面八方放射的，地球仅截取了二十亿分之一，这就足以哺育地球上万物生长，维持一切自然过程的运行。

太阳辐射强度不是恒定的。在大气上界，当太阳与地球处于平均距离时，垂直太阳辐射的每平方厘米面积上，每分钟所接收的太阳辐射为 1.98 卡，这个数值叫太阳常数。

太阳辐射不改变方向，直接到达地面上，称为直接辐射；经过大气反射、散射改变了方向后到达地面的，叫作散射辐射。两者之和就是到达地面的太阳总辐射量，简称总辐射。我国各地，一年内每平方厘米面积上的总辐射在 85～190 千卡之间，大部分地区在 110～120 千卡以上，这是发展生产的一个有利条件。

太阳尘埃环

大量的尘埃遍及浩瀚无垠的宇宙，所有星系的星际空间和太阳系的行星际空间，到处都有大小不一的尘埃，大的几厘米，小的只有几微米。早在 1927 年就有人假设太阳周围存在着尘埃环。1966 年 11 月 12 日日全食时，美国科马拉多大学的天文学家首次探测到环的一部分，直到 1983 年 6 月 11 日日全食时，日本天文学家才真正拍摄到环绕着太阳的完整的尘埃环的照片。

太阳尘埃环的探测必须在日全食时进行，因为在其他任何时间，离太阳较近的尘埃环是不易侦察到的。1983 年 6 月 11 日，日本天文学家在印尼爪哇放飞了载有电视摄像机的高空气球，磁带录像记录了日食的全过程。经过计算机处理，绘制出了在可见光和红外波段上的太阳尘埃环两维图像，而且是很清晰的。观测结果证实，太阳周围确实存在着浓密的、结构清楚的光环，位于太阳表面上空约 200 万千米处，其半径约为太阳的 4 倍，呈椭圆形，像鸡蛋壳一样包裹着太阳。环的主要成分是不易熔化的硅酸之类的微粒。初步估计，环的总质量约为几百万吨，温度高达 1300 摄氏度。科学家认为，这些尘埃大概产生于太阳系以外，受太阳的引力的作用，经过 1000 万年才在太阳表面上空逐渐形成发光的、在汽化前发射红外波的尘埃环。

太阳视运动

　　地球在自转的同时,还绕着太阳公转。在日常生活中,人们看到太阳是东升西落的,这种运动叫太阳视运动。是不是地球上任何地方都能看到太阳东升西落呢?实际情况并不是这样。北极,这里地平面平行于赤道平面,垂直于地轴。当春分时,太阳直射赤道,北极的太阳高度角是０度,太阳正位于地平线上。一过春分点,北极地区可看到太阳从南方地平线上冉冉升起,沿着逆时针方向,围绕着北极,每天做螺旋状圆周运动,一圈一圈越升越高,到夏至达到最高处。过了夏至,又沿着螺旋轨道,缓缓下降,至秋分点,下降到地平线,过了秋分点就看不到了。再说赤道上的情况:赤道的地平面垂直于赤道面和地轴平行,天顶天底都位于大赤道上,北天极、南天极都位于地平圈上,所以在春分点时,看到太阳是从东方升起,西方落下。春分过后,由于太阳直射点向赤道以北移动,太阳的东升西落也逐渐平行的向北推移,夏至日达到最北点。夏至过后,由于太阳直射点南移,至秋分又回到赤道上。秋分过后,太阳周日圈继续平行南移,冬至达到最南点。最后再看看在其他纬度太阳运动的情况:这些地方太阳周日圈既不和地平圈平行,也不和地平圈垂直,而是斜交成一定的角度。

太阳黑子的观测

我国最早对太阳黑子的观测可上溯到公元前 4 世纪左右,当时的学者甘德曾写道:有的"日食"是由太阳中心开始向四周展开。他所说的这种特殊"日食"就是太阳黑子。

《易经》中有不少关于太阳黑子的记载:"日中见斗","日中见沫";12 世纪问世的《玉海》上,有关于公元前 165 年曾出现过"王"字形的黑子记载。成书于公元前 140 年的《淮南子》中,也有"日中有鸟"的叙述。鸟就是黑子的形象。

我们祖先观测天象,全靠目力。对于太阳只有利用日赤无光、烟幕蔽日之际,或太阳近于地平、雾气朦胧之中,以及利用"盆油观日"方法,始可观望记录。就这样,从汉代到明代的 1600 多年间,黑子记载还超过了 100 次!

欧洲发现太阳黑子的时间比较晚。他们最早的太阳黑子记事,是807 年 8 月 19 日。当时他们还认为是行星从太阳表面经过。1610 年,伽利略用望远镜看到黑子,才正式承认黑子是太阳表面现象,但直到1613 年才把结果公开发表。

黑子和耀斑

太阳表面的温度是6000摄氏度，中心温度高达1500万摄氏度！太阳主要由氢和氦原子构成。在高温、高压下，氢原子在太阳内部飞奔碰撞，4个氢原子核聚变为一个氦原子核，这就叫热核反应。在聚变过程中，太阳放出大量的光和热。

太阳看起来那么明亮、安静，你没有想到它内部会有激烈运动吧！其实，太阳黑子就是太阳内部激烈运动的一种表现，是太阳光球层上奔腾翻卷的旋涡状气流。这些巨大旋涡的温度只有4000多摄氏度，比光球层温度低1000多摄氏度，因而显得黯黑一些。大黑子的长度有的超过了10万千米。这么大的旋涡，差不多可以并排放7～8个地球。黑子有极强的磁场，一个大黑子的磁场强度相当于地球磁场强度的1.5万倍。

黑子的出现是有规律的，平均每隔11年多，黑子的数目就增加到一个极大值，然后渐渐减少。天文学上将黑子出现最多的年份称为太阳活动的峰年，最弱的年份叫作谷年。当光球层上黑子大量出现的时候，伴随而来的往往是在黑子上方发生亮度突增的现象，一般称为耀斑。耀斑的寿命不长，但它的温度却高达几百万摄氏度，释放出的能量相当于亿万颗氢弹同时爆炸。

激发人的创造力

研究证明，人类的发明创造与太阳黑子的周期活动有关。苏联科学家伊德里斯发现，卓越的科学发现按 11 年的周期发生，与太阳黑子的活动周期同步。以爱因斯坦为例，他一生中在物理学上的 4 次重大突破时间分别是 1905 年、1916 年、1927 年、1938 年，其周期恰好是 11 年，而且这 4 年又正是太阳黑子活动的高峰年。

不仅如此，艺术才能也受太阳黑子活动的影响。18 世纪至 19 世纪的 50 名作曲家的创作高峰几乎都同太阳黑子活动高峰一致，他们都是在太阳黑子活动最积极的年代写出了自己的传世之作。比如，音乐史上大师荟萃的 1829～1931 年，柏辽兹完成其著名的交响曲《幻想交响曲》，肖邦创作了两首杰出的钢琴协奏曲……在天文学上，1930 年被视为太阳黑子活动的极大年。

这些并不是巧合。我们知道，整个宇宙是一个统一体，地球是太阳系的一颗行星，太阳脉搏的跳动势必波及地球。当太阳黑子增多时，太阳辐射强度增大，引起地球磁场骚动，使地球磁场随之增强，大气中的放射性气体也随之增多，而放射性气体对人体神经系统具有振奋作用，能对人体造成一种综合压力，迫使人体的潜在能力最大限度地释放出来。这就是太阳黑子增加激发人的创造力的奥秘所在。

黑子会酿成疾病

1978 年 12 月，英国的《自然》杂志上刊登了一份资料，它揭示了这样一条乍看起来令人觉得荒唐的规律：地球上大面积流行性感冒的年份，大都是太阳黑子活动的高峰年。

又有科学家们注意到了太阳黑子"杀人"的另一条线索。前一时期已经发现人类皮肤癌的发病率，有一条周期性的变化曲线。而现在发现这条曲线的变化周期正好与太阳黑子的活动周期是合拍的，并且皮肤癌发病率的高峰往往是出现在黑子高峰以后的第二年。

科学家通过科学观察，发现了一条重要线索：每当太阳黑子出现的时候，它的周围就一定会有耀斑。随着耀斑的出现，太阳就会发出强大的紫外线、×射线和其他粒子流。

高能紫外线强度的增加，会引起感冒病毒细胞中遗传因子的变异，发生以后，如通过动物、人等媒介更会迅速地蔓延，以至酿成来势凶猛的流行性感冒。

高能紫外线还是诱发人类皮肤癌的重要因素。据报告，阳光中每增加 20％的紫外线强度，人类皮肤癌的发病率就会增加 50％。据最近的研究报道，这种诱发性皮肤癌有两年的潜伏期。

黑子与天气变化

　　研究表明,太阳黑子之所以会导致大规模的天气变化,与大气环流受太阳活动的影响密切相关。

　　我们知道,地球表面包围着一层30千米厚的大气层。由于处于不同纬度的大气得到太阳辐射的热量不同,以及地球自转、行星边界层影响、地面状态等不同原因,形成了大气的环流。大气环流主要有纬向环流和经向环流。当经向环流盛行时,极地和热带的冷暖空气发生强烈的频繁交换,风暴次数增多,气温较低,变化也极为剧烈,天气呈现不稳定的状态。反之,当纬向环流盛行时,冷暖空气南北交换减少,气温变得较高。北半球多出现比较相对稳定性的天气。

　　经研究,当太阳黑子活动弱时,地球上盛行纬向环流;当太阳黑子活动强时,则经向环流盛行。有人根据1754年到1954年200年间西半球冬夏季环流的资料,发现在太阳黑子高值年附近,大气环流中的季风成分大于行星风成分,黑子低值年则相反。我国学者分析了1909~1968年期间我国大范围温度与太阳黑子的关系后指出:太阳黑子高值年,全国大范围温度偏低;太阳黑子低值年,全国大范围温度偏高。可见,太阳黑子的增强促使大气经向环流的活跃,是造成全球性气候反常的重要因素。

太阳射电爆发

1981年10月12日，我国紫金山天文台和北京天文台都先后观测到特大的太阳射电爆发，历时两个多小时，使地球的电离层受到严重骚扰，短波通信中断。那么，太阳射电爆发是怎么一回事呢？

来自太阳的无线电波，简称太阳射电。太阳射电包含有多种成分，最基本的成分称为"宁静射电"，强度相当稳定，基本上不随时间变化。一般认为这种热电波起源于太阳大气中的辐射。太阳射电中还有一种叫作"缓变射电"，它的变化幅度也不大。"射电爆发"则是太阳射电中特别引人注意的成分。它往往是突然发生的，变化很剧烈，很迅速，辐射强度非常大，甚至能超过宁静射电强度的1000万倍。当太阳上有比较大的黑子群或大耀斑出现时，往往伴随有大的射电爆发。

在太阳射电爆发的时候，太阳辐射的紫外线、X射线与高能粒子流也大为增强。而当这些增强的辐射物抵达地球时，就会引起一系列严重的地球物理效应，比如磁暴、极光与电信干扰等。

由于太阳发射的高能粒子流通常在射电爆发以后几小时才能到达地球，因此，在发现射电大爆发或大耀斑后，立即发出警报，对于通讯联络、宇宙航行和空间研究有一定的实用价值。

色球爆发的影响

太阳是一个温度很高的火球。天文学界把它分为光球、色球和日冕三个层次进行观察研究。"黑子"是在光球层上出现的一些大小不等、形状各异的黑点。这些黑点，实际上就是太阳光球表面温度较低的地区。研究表明，太阳表面的平均温度是 6000 摄氏度。但是，表面温度并非到处都是一样，有些地方高一点，有些地方则低一些。在这些温度较低的地区，就形成了光亮背景上的点点黑斑，这就是太阳黑子。

当太阳黑子大量出现，特别是当其达到极大值时，在太阳上就将会发生一种相应的反应—局部地区亮度突增的现象。这种现象叫太阳耀斑，或者叫色球爆发。

色球爆发时发出的总能量，有时可达到相当于 100 亿个百万吨级的氢弹爆炸时产生的威力。

太阳色球爆发时，会大量地向地球簇射出宇宙射线、×射线等微粒流，导致地球发生耀眼的北极光、磁暴和电离层扰动等异常现象，干扰和中断无线电通信和电视广播，并使那些依靠磁罗盘导航的飞机和轮船有可能因此而发生意外。同时，还可能在输电线路上产生电冲击，摧毁输电变压器件。

将来的气温

美国科学家埃迪运用碳 14 测定法，证明了小冰河期的存在。所谓碳 14 测定法的原理是这样的：因为只有在宇宙线撞击碳元的时候，才会产生碳的同位素碳 14，所以测定树木年轮碳 14 的含量，即可测知该年度里宇宙射线的多少。而落在地球上的宇宙射线的多少又与太阳黑子活动的多少有关。太阳黑子越多，太阳风越大，这样就把较多的宇宙线挤出了太阳系，结果落到地球上的宇  宙线就越少，在树木年轮中生成的碳 14 也就越少。经测定，在"蒙德极小期"中树木年轮中的碳 14 异乎寻常地多，这就证实了在"蒙德极小期"中太阳黑子确实特别少。然而，碳 14 测定法不仅帮助埃迪证实了太阳"蒙德极小期"的存在，还意外地使他发现，在 1400～1510 年期间乃至更早些时候也存在着太阳黑子急剧减少的时期。他还据此发现了一个太阳黑子活动极大期，埃迪称之为"中世纪极大期"。总之，埃迪发现了 5000 年来太阳黑子活动的 12 个主要时期。

按这种方法和理论推断，我们现在正处于一个太阳黑子剧烈活动的极大期里。这种极大期对太阳来说是很少的，因此可以说是不正常的。然而，历史告诉我们，这样一个温暖的不正常时期是短暂的，而且会由于太阳活动恢复正常而突然中断，那时的气候要比现在冷得多。

太 阳 风

太阳风就是从太阳的日冕层——太阳大气的最外层中发出强大高速运动的带电粒子流。日冕是太阳最外一层大气，温度比太阳光部分约高 300 倍。在这样高的温度下，日冕中的质子和电子，会由于日冕膨胀而向外运动。这些带电的粒子，运动速度每秒达 350 千米以上，最高每秒可达 1000 千米，尽管太阳的引力比地球的引力大 28 倍，但这样高速的粒子流，

仍有一部分要冲脱太阳的引力，像阵阵狂风不断地"吹"向行星际空间，所以被称为"太阳风"。

它"吹"到地球，一般要 5~6 天时间。它一直可以送到冥王星轨道以外日冥距离的 4 倍处才被星际气体所制止。地球受太阳风的影响有以下几个方面：太阳风可以引起地球磁场的变化。强大的太阳风，能够破坏原来条形磁铁式的磁力线所组成的磁场，将它压扁而不对称，形成一个固定的区域——磁层。

太阳风的带电粒子流，可以激发地球上南北极及其附近地区上空的空气分子或原子。这些微粒受激后能发出多种形态的极光。

带电粒子流还会使地球上电离层受到干扰，也会引起磁暴，给短波通信、电视、航空、航海事业带来影响。此外，太阳风对地球上的天气和气候的异常也有一定的影响。

太阳还有亲兄弟

1983 年，美国、荷兰、英国联合发射了一颗"红外天文卫星"，专门探测各种天体发出的红外线。因为恒星温度很高，主要发出看得见的光；而行星温度低，主要发出红外线。利用这个差别，就可以看到温度很低的天体。果然，这颗卫星在织女星的周围发现了一个奇怪的环状物体。这个环状物体的总质量大致相当 300 个地球，由许多细小的尘埃颗粒组成，每个颗粒只有约 0.025 毫米。

据天文学家说，这个尘埃环是一个正处在形成过程中的行星系统，它应该是太阳系的小兄弟，目前它的那些尘埃微粒还没有团聚成行星。为了寻找行星，天文学家们在不断地努力着。美国的几位天文学家把搜寻的目标确定为蛇夫座中一颗名叫 VB8 的暗弱恒星。它到太阳的距离是 21 光年。他们使用一种叫"斑点干涉测量"的方法，探测到 VB8 有一颗非常暗弱的"伴星"，人们称它为 VB8B。VB8B 的情况和土星非常相似。VB8B 的表面温度为 1000 摄氏度左右，这比一般恒星的表面温度低得多。它的发光能力也比人们以前知道的那些最暗的恒星还要弱 10 倍。而且，预计 10 亿年后，它也会冷却到像木星那样低的温度。所以，天文学家们在 1984 年底宣布它非常可能是人们盼望已久的，在太阳系之外辨认出的第一颗真正的行星。

太阳和行星的形成

关于"太阳和行星是不是有起源和演化上的联系"的问题，目前多数人的看法是：太阳和行星是由同一团弥漫物质形成的，这团物质被称为"原始星云"。组成原始星云的质点的运动速度是多种多样的，它们逐渐按照速度而分化，速度小的集结于中心，这部分后来形成太阳；速度大的集中于外围部分，后来形成行星和卫星。太阳和行星的物理性质不同，是由于质量的不同而引起的，当质量不到太阳的 1/20 时，所形成的天体就不可能进行热核反应，就不会发光发热，而成了行星。至于行星和太阳在化学成分方面的差异，则决定于行星形成后的发展道路，被它的质量和它离太阳的距离所决定。类地行星由于离太阳较近，温度高，损失了大量的轻元素；类木行星离太阳远，温度低，轻元素损失少，所以这些行星的成分很像太阳，氢和氦最多。

原始星云在分化的过程中，可能是形成一个恒星，如果剩下的物质很少，则只能形成环绕恒星转动的彗星和流星；如果剩下的物质不多也不少，则形成一个行星系统。天文学早已证明：太阳只是千千万万恒星中的普通一员；现在又证明，我们的行星系统在宇宙间也是普遍存在的。

类地行星和类木行星

　　围绕太阳转的有九大行星:水星、金星、地球、火星、木星、土星、天王星、海王星和冥王星。这九大行星,仪表和个性各不相同。从特性之中找共性,我们仍然可以发现,它们之间的共性不少。

　　在物理性质方面,除了离太阳最远的冥王星外,八个大行星可以分为两类:类地行星和类木行星。水星、金星、地球和火星属于类地行星,它们都比较靠近太阳,卫星少,自转慢,质量小,密度大,主要是由重元素组成的。类木行星(木星、土星、天王星和海王星)完全是另一回事,它们的卫星多,自转快,质量大,密度小,主要是由最轻的气体(氢和氦)组成的。

　　在运动情况方面,所有的行星都以近乎图形的轨道,并且几乎在同一平面上,向着同一方向(由西向东)围绕着太阳公转,太阳本身也朝着这一方向自转,而且它的赤道面又和行星轨道的平均平面很相近。

　　在空间分布方面,行星跟太阳的距离和行星的质量有关系。类地行星,一个比一个约远一半;类木行星,一个比一个约远一倍。

金星是地狱

金星的直径为 1.2 万千米，与地球相仿。它到太阳的距离是 1.08 万万千米。它接收到的太阳能比地球接收到的多一倍以上。因为金星大气成分 97% 是氧化物和二氧化碳气体，能捕获红外线辐射，所以使金星低层大气的温度高 485℃左右，气压比地球高出 100 倍。

金星没有磁场，而有一个电离层。它的大气中存在着大量的"氩 -36"，这是一种惰性气体。

金星大气中刮着经久不息的风。在金星表面，风速为每小时 3.5 千米，只相当地球上的一级风。而在距金星表面 65 千米的高度，风速则增大到每小时 360 千米，比地球上的 12 级风的速度还要快。

探测器以每小时 4 万千米的速度向金星表面俯冲，了解到的金星大气梯面情况是：离金星表面 60～70 千米的大气高层温度为 -30 摄氏度。这一外层大气能反射太阳辐射，使得它显得格外明亮。离金星表面 48～60 千米的第二层大气温度大约为 100 摄氏度，气压为 2 个。离金星表面 30 千米高的低层大气温度约为 260 摄氏度，气压为 10 多个。在金星大气层中还测得大量的带电粒、电离分子、氮离子和碳离子。这些因素可能也是金星大气中刮着经久不息的风的原因。

水星布满环形山

水星的外貌和月亮一个模样，表面坎坷不平，布满了大大小小的环形山。

水星和地球都是长得最"结实"的星球：水星的密度是水的 5.44 倍，地球的密度则为水的 5.22 倍。水星也有一个固态的外壳，就像地壳一般。这层外壳主要由硅酸盐构成，厚度 500～600 千米；水星内部也和地球一样，有一个主要由铁核组成的巨大核心。水星铁核的半径约占整个水星半径的 70%～80%。

水星虽小，磁场反倒比金星和火星大得多。科学家们认为，也许正是那个巨大的熔融铁核使水星变成了一个带有磁场的星球。水星上边没有水。水星上的大气极为稀薄，主要含有氦，其次是氢、氧、氩、氖等，表面大气压是地球表面大气压的五十亿亿分之一。

由于水星没有大气的"盔甲"保护，所以它的表面留下了很多被流星撞击的痕迹——大大小小的环形山。另外，水星上还有很多的平原和盆地。最大的盆地直径达 1300 千米，叫卡路里盆地，这里最热，是水星上的"火焰盆"。水星上的山脉很有气势，悬崖峭壁十分雄伟，有些山高达几千米，延伸数百千米长。

由于水星的自然条件极为恶劣，所以水星上不适宜人和其他生物生存。

水星不容易见到

水星是太阳系九大行星当中距离太阳最近的一颗,它绕太阳运行的轨道在地球轨道的内侧,所以叫内行星。水星的直径是 4880 千米,在九大行星中,只有冥王星比水星小。

在我们太阳系九大行星中,水星是个"飞毛腿"。大家都知道,地球绕着太阳转的速度是很快的,每秒钟 30 千米,比最快的喷气式飞机还快 30 倍;水星跑得更快,"嘀嗒"一秒钟,它便前进了 48 千米,不到半分钟,它跑的路程就比北京到上海还远呢!

从地球上看天空,最明亮的天体除了太阳、月亮、金星、火星和木星外,便是水星了,但是亲眼看见过它的人并不多。据说,伟大的天文学家哥白尼在临终的时候感到十分遗憾,因为他一辈子未能见到水星。

为什么水星不容易见到呢?因为它和太阳离得太近了。到太阳的平均距离只有 5800 万千米,是离太阳最近的行星。它在天空中出现的时候,跟光辉夺目的太阳总是靠得很近,要么在太阳升起前,出现在东方地平线上空,成为曙光熹微之中的"晨星";要么在日落后低悬在西方的天边,成为暮色苍茫之中的"昏星"。

站在火星上看天

"火星探路者"所携带的彩色立体照相机,使我们得以窥视火星的天空。站在火星上看世界,仿佛被戴上了红色的眼镜,红蒙蒙的天,铁锈色的地,连天上的云彩都是红艳艳的。这琳琅满目的红色来源于火星尘埃的氧化铁微粒,它们混杂在火星表层土壤里,并被风吹到每一角落,不仅涂抹着整个火星大地,而且悬浮在大气中,使火星的天空也透着微微的红色。凝结在这些尘埃上的水冰形成红色的云滴又使天上的云彩变得嫣红。最早被"火星探路者"摄入镜头的火星层云就是品红色的,像一片燃烧的朝霞,当时它正在 16 千米高空以每小时 24 千米的速度移动着。另外还有一种云出现在距火星 80 千米高空,它们主要由冷凝的二氧化碳构成。"火星探路者"在进入火星大气时测得这一高度的气温为零下 183 摄氏度,这样低的温度足以使二氧化碳凝结成云。尘暴是火星特有的气象现象,它是由火星低空强风卷起大量地面尘埃而形成的。直径只有几微米的火星尘埃随风飘摇直上,可以达到 50 千米高空。它们一方面把火星表面的热量带入大气,加剧火星大气的对流活动,使尘暴有愈演愈烈的趋势;另一方面,随着尘暴面积的扩大,过多的尘埃被带到空中,遮住射向火星表面的阳光,使得地面风力减弱,从而抑制了尘暴的蔓延。

探测火星

根据科学家们的设想，人类探测火星的目标被分为六个阶段。

第一阶段是 1962 年 11 月，苏联发射的"火星—1"号探测器在飞离地球 1 亿千米时与地面失去了联系，从此下落不明。

1971 年 11 月，美国发射的"水手—9"号飞船进入火星轨道，成为火星的第一颗人造卫星。"水手—9"号成功拍摄了火星全貌，确认火星上并不存在运河，这是第二阶段。

火星探测的第三阶段是派遣飞船在火星着陆。1976 年 7 月和 8 月，美国"海盗—1"号和"海盗—2"号飞船的着陆器分别在火星成功着陆。通过精密仪器，分析了火星的土壤，测量了风速、气压和温度。

以 1997 年 7 月 4 日在火星登陆成功的美国"火星探路者"和 1999 年 1 月发射的"火星极地着陆者"为代表的火星探测是第四阶段。主要目的是让探测器在地面工作人员的遥控下在火星表面上收集资料。

火星探测的第五阶段是派遣自动取样飞船前往火星，把火星上的多种样品送回地球供分析研究。

在这之后，火星考察将步入第六阶段——让人类登上火星，对火星进行实地考察。

人类飞往火星

目标火星

人类飞行火星的第一步是发射火星车。先发射按地面指令行事的火星登陆车，后发射全自动的火星登陆车。前者行走速度为每小时150米，还能爬30度的斜坡。但由于地球发出一个指令，40分钟后才知道它的执行情况，故将被后者所更替。全自动的火星登陆车能测量地形，选择路线，绕过障碍物进行各种探测活动，将探测照片和数据资料传回地面。

人类飞行火星的第二步是发射火星飞机。将机翼、机身、螺旋桨都可折叠起来的火星飞机，藏在火星登陆舱里，待进入稀薄的火星大气层后，飞机从登陆舱中弹出，靠降落伞减速下降，启动发动机，以每小时200多千米的速度在火星表面上空巡航，对火星的大气、重力、磁场、地质、火山等情况进行广泛的大面积探测。

人类飞行火星的第三步是发射能返回地面的无人火星登陆艇，同时送上火星的还有各种实验设备和火星车。火星车采集火星表层和下层的岩石和泥土样品，送上登陆艇，再由登陆艇送回地球，供地面上的科学家分析和研究，以最终确定载人飞船着陆地点和方式。

人类飞行火星的第四步是发射载人飞船在火星登陆。飞往火星需要9个月的时间，现在宇航员已创造了在太空连续漫游14个多月的纪录，体力适应问题业已解决。

对火星的实地考察

首先,使人类对火星地表景观有了直观的认识。从"火星探路者"号飞船发回的数千张火星地表照片得知,火星阿瑞斯平原看起来就像地球上的荒漠;火星上也有山脉,有丘陵,有沟谷,甚至还有陨石坑。

其次,使人类对火星岩石和土壤有了初步的了解。火星车"旅行者"的主要目的就是对火星上的岩石和土壤进行探测和分析。结果表明,这块岩石的主要成分是由类似地球上常见的石英、长石和正辉石组成的。

再次,飞船着陆器上有天气预报装置,可测定火星地表和大气温度。探测当时是火星的夏季,从测定结果来看,火星白天地表温度约零下十几摄氏度,夜晚会降到 −70 摄氏度,甚至更低些,白天有微风。"火星探路者"在距火星地表 48 千米高处测得的温度为 −170 摄氏度,这是迄今记录到的火星大气层的最低温度。

最后,找到一些支持"火星生命之说"的证据。认为火星上有生命的说法主要有两个依据:一是火星上曾经有水,二是在地球上发现的火星陨石中含有生物化石微粒。"火星探路者"发回的照片表明,在该飞船着陆的火星阿瑞斯平原几十亿年前曾发生过特大洪水。火星车对火星岩石的分析表明,这块岩石与地球上的一块火星陨石在化学组成上具有相同的特征,这起码说明这块陨石的确来自火星。

绿化火星

开创期（2015～2030 年）——宇宙飞船将把在地球上预制的太空舱运送到火星表面。太空人的任务是进行种植庄稼的实验，分析火星周围的气体成分、尘埃状况和太阳辐射程度勘探地质情况，寻找生命迹象。

温暖期（2030～2080 年）——这一时期的主要任务是提高火星温度。其办法是兴建一座化工厂，释放出能导致温室效应的气体，将温度从零下 60 摄氏度升到零下 40 摄氏度。

巩固期（2080～2115 年）——当火星上的温度上升到零下 15 摄氏度时，二氧化碳、氮气和从火星地壳中抽出的水的数量开始大规模地增加，火星大气层继续变厚，一些苔藓植物开始在温暖的地带生长。

复苏期（2110～2150 年）——当火星的大气层稳定之后，平均温度便升到了 0 摄氏度。这时，一些微生物开始制造土壤，一部分绿色植物开始脱离温室环境自由生长，火星上的人可短时间地靠吸入火星的大气生活。

绿色火星形成期——当火星上的平均温度上升到 4～5 摄氏度时，两极的冰和永冻层大部分已经溶解，大河、湖泊以至海洋陆续形成，火星上开始经常性地降雨。这时已形成厚厚的大气层，在它的保护下，火星上移植的树木自行繁衍生长，农作物长势良好。这样，在人类近 200 年不懈地努力下，火星会变成人类的又一个故乡。

木星是个蒙面巨人

在太阳系的九大行星中,论个头儿数木星最大。它的直径超过地球的10倍,体积是地球的1300倍,重量相当于300多个地球。把其余8大行星加在一块儿,总重量还不到木星的40%。

用望远镜看木星,只见木星表面浓云密布,成为一条条平行于赤道的明暗相同的云带。木星上的大气绝大部分是氢,其次是氦、氨和甲烷。木星的大气层之下,是沸腾着的液态氢的海洋。在高温和高压下,氢成为水一样的液体,却具有金属的某些特征。木星应该也有一个像地球一样的固体的内核。这个内核应该是某些重元素和大量硅酸盐组成的,但是,它被液态氢所裹着,人们从来没有看到过这个内核,可以说木星是太阳系中的蒙面巨人。

木星离太阳7.8万千米,是地球到太阳距离的5倍。木星绕太阳转一周,等于地球上的11.86年。木星自转一周,只用10小时,比地球快得多。

太阳辐射的光和热,是地球上的主要能源。人们历来认为,别的行星都是跟地球一样,现在才知道木星并非如此,它发散出来的热量,是它接受到的太阳的热量的2.5倍,换句话说,支出大于收入。在木星上,太阳落山以后温度也不降低,深夜也不比正午冷多少。这说明,木星内部必定有自己的能源。

木星上有大红斑

太阳不断发出光和热是由于它内部像氢弹那样,进行着猛烈的热核聚变反应。木星上没有太阳那么高的温度,不会产生热核聚变,为什么会不断地发出能量来呢?比较普遍的一种解释是木星在缓慢地收缩。在收缩的过程中,气体分子的势能转化为动能,以热的形式散发出来了。

17世纪人们就发现木星有个光环。美国的宇宙飞船"旅行者—1"号,经过一年半的飞行,于1979年3月5日从木星的旁边掠过,拍下了数以千计的彩色照片,发现木星的环有几千千米宽,厚度不到30千米,是由无数黑色的碎石块组成的。这些石块都像小小卫星一样绕着木星奔波,大约7小时转一个圈。

1665年,人们发现木星上有个大红斑。它在木星的赤道以南,颜色暗红,所以像个鸡蛋,长2万千米,宽1万多千米,可以容纳3个地球。大红斑究竟是什么东西呢?300多年来,天文学家提出的各种解释,都不能令人满意。这一回,把"旅行者—1"号拍下的12张照片拼成了一幅大红斑的全图,可以看出它像一个巨大的旋涡,按逆时针方向转动着。看来,大红斑或许是嵌在木星云层中的一股强大的旋风。这一股大旋风,至少已经存在了300多年,依然强劲不息,这是多么不可思议呀!

飞往木星探测

美国 1977 年 9 月发射了不载人宇宙飞船"旅行者—1"号，重 816 千克，用来探测木星和土星等。

飞往木星探测，是一项相当困难的任务。首先，木星离太阳，平均距离 7.77 亿千米。木星附近单位面积接收的太阳能，仅及地球附近的 4%。因此，就不能采用太阳能电池。"旅行者—1"号上面采用的是同位素电池，利用放射性同位素在衰变过程中释放的能量，能够产生 420 瓦功率。其次，由于旅途遥远，如何保证探测器同地球可靠的通信联系，就是一个突出的问题。"旅行者—1"号采用了一个大直径、高增益的抛物面天线，直径 3.66 米，是历来行星探测器中最大的。当"旅行者—1"号从木星附近 27.5 万千米的空间掠过，把拍摄到的木星照片用这个大天线送回地球的时候，每秒可走 30 万千米的电波，在空间还要经过半小时才能到达地面。最后，发射的时机要精心选择和精确计算，希望它在飞过木星之后，能继续飞经土星、天王星和海王星。木星的质量大，引力也强，探测器在飞入木星引力场之后，能够受到木星引力的加速，从而使它节省飞经其他行星的时间和能量，实现所谓深空漫游。但是这只有在外行星都处在太阳同一侧的情况下才能实现。这种外行星独特排列的天文现象大约 180 年出现一次，这次发射正巧是这样的机会。

探测木星的卫星

　　"旅行者—1"号在宇宙空间航行了一年半左右的时间，于1979年3月5日在距木星表面27.5万多千米的空间掠过木星，对木星和它13个卫星中的5个拍摄了许多彩色照片，并进行了一系列科学探测。

　　照片和探测数据传回地球后，科学家做了初步处理，发现了以前没有发现过的、使科学家感兴趣的现象。

　　木星的卫星"伊奥"呈斑驳的锈黄色，间杂着白色和浅黄色。它的表面较平坦，没有一般天体所共有的那么众多的环形山。这一奇特现象使科学家们猜测纷纭，有人认为这意味着"伊奥"地质年龄不长，也有人认为这是由于木星的某种保护作用，使它免受陨星轰击而造成的。在这个卫星上还发现了至少有6座活火山，正在以每小时1600千米的速度喷发着气体和固体物质，这些喷射物的高度达480千米。火山喷发的强度比地球上的大得多。这是太阳系中除地球外第一次发现天体上的火山爆发。卫星"卡利斯图"体积同水星一样大，呈灰白色，似乎是由冰组成，表面有被轰击的各种迹象，它的大气同其他卫星不一样。卫星"欧罗巴"是一个明亮的球，表面有一些淡黄棕色的暗区和黑褐色的条纹，可能是由冰所覆盖的岩石组成。"加里朱德"卫星呈黄色，有一些褐色的亮区和暗区，科学家们认为这可能是冰和岩石的混合体。

木卫二上有咸海

　　"伽利略"号木星探测器传回的图像表明，木卫二上可能有咸海。这个海位于木卫二冰冻表面的底下。

　　从"伽利略"号发回的图像进一步证实，在木卫二龟裂、结冰的外壳下涌动的海洋曾经温暖而且含有盐分——与地球上的海洋一样，因此从理论上说能够支持生命的存在。

　　美国地质学家杰夫·凯格尔说："我们知道，水对地球生命至关重要，地球上所有的生命都始于海洋。这个发现隐含的意义就是(木卫二上有)生命。"美国地质学家詹姆斯·克劳利说，资料表明，木卫二的盐分吸收模式与地球上的相似。他说，当盐水蒸发时，会留下矿物质。通过比较这些独特的形状，研究人员确定，木卫二上有盐存在。

　　夏威夷大学地理物理学家加里·汉森说，来自木卫二的数据与"地球上水合矿物质的数据看起来非常非常相似"。他还说，由于木卫二表面上的盐带呈连续分布延伸到木卫二的多数地方，这证实冰下有咸海。

　　但是，凯格尔认为，木卫二上有盐不一定证明那儿有海洋，虽然它是解开谜底的重要证据。

戴草帽的行星

土星到太阳的距离是14亿多千米，是地球到太阳距离的9.54倍。因此，从土星上看，太阳就显得很小，面积只有在地球上看到的1/90。土星的公转速度是每秒9.65千米，地球跑得比它快3倍多。由于公转轨道大，速度慢，土星要花29.5年才绕太阳转一圈。土星的质量是地球的95.2倍，体积更是大得惊人，750多个地球捏到一块儿才和土星一般大。土星云层顶部的温度比木星低50摄氏度，冷到零下170摄氏度左右。但是土星也像木星那样，仿佛是个"冰冷的热库"。土星自己散发出来的热量要比从太阳接收到的热量多两倍左右。

1610年，伽利略从他的望远镜中觉察到，土星球体旁边好像有某种奇怪的附属物。直到差不多50年之后，惠更斯才证实了它是一个又薄又平的环。300多年来，土星光环一直是天文学家和业余天文爱好者们最喜欢观测的天体之一。土星光环是天空中最奇妙的景象。土星围上了它，活像一个人戴上了一顶宽边大草帽。因此，人们常常开玩笑地说，土星是一颗戴草帽的行星。1980年11月12日和1981年8月25日，"旅行者—1"号和"旅行者—2"号两艘飞船先后飞近土星。它们发现，土星环并非只是少数几个环，而是数以千计，密如唱片的沟纹。

探测土星的发现

1981 年 8 月 25 日,宇宙飞船"旅行者—2"号飞抵近土星,美国科学家对发回的照片和科学探测资料进行了分析和研究,美国科学家发现,土星大气极为复杂。土星表面寒冷多风。土星上有时下着洁净的氨雨,类似的氨雨在木星上也发现过。在土星北半球高纬度处,有着强劲的风暴,它比木星上的风还大。但是在土星赤道附近的一个地方,则显得平静荒凉,像一大片棕褐色的沙漠。

"旅行者—2"号证实了"旅行者—1"号 1980 年的发现,土星上确实有闪电。威力比地球上的闪电大 1 万~10 万倍!电脉冲的强度为 10 万~100 万千瓦之间。使科学家大为震惊的是,当飞船逼近土星时,发回来一些奇怪的电磁信号,经过处理,变成了一种人们以前从未听到过的声音。它是一种深沉的嗡嗡声,忽高忽低,像有人在拨弄电子琴。在这种声音中还不时地混进像笛声和喇叭声那样的嘟嘟声。飞船飞到

土星的背面时,它的天线又捕捉到了另一种奇怪的声音,就像是你站在快车道的跨桥底下,听到头顶上车辆往来的隆隆声。这种声音的强度在接近土星环的交叉点时发生显著的变化。探测器还发现土星冲击波形成的"裙口",直到距土星有 87 个土星半径处,"旅行者—2"号才摆脱了魔一般的"冲击波裙"的纠缠。

"旅行者—2"号还发现了 4 颗新卫星。

天王星的发现

人们常说：天王星的发现是个偶然，不过，在这个偶然的背后，却是几十年如一日的勤奋。1781年3月13日是天文史上的一个值得纪念的日子。在这一天以前，人类观测过太阳表面的黑子、月亮上的环形山、木星的卫星、土星的光环，但是从来没有想到过土星的轨道之外还有行星。而这一天，天文学家威廉·赫歇耳发现了一颗新的行星——天王星，一下子把太阳系的边疆扩大了一倍。

3月13日这天夜里，赫歇耳和他的妹妹像往常一样，坐在自制的望远镜旁观察天空，他的妹妹坐在旁边做着记录，赫歇耳转动着望远镜观察。他意外地在双子座H星附近发现了一颗其貌不凡的小星。他开始怀疑它是一颗恒星。但经过三四个月的连续观察，计算了这颗星的轨道，终于发现了它是一颗沿着圆轨道绕太阳公转的新行星，离太阳的距离大约是日地距离的19倍。

从那以后200多年过去了，科学家一直盼望着，最终有一天能借助太空探测器对天王星进行考察。

"旅行者—2"号宇宙飞船没有辜负天文学家的期望，探测器上的摄影机拍摄了大量的天王星及其卫星的特写照片。第一次把神秘莫测的天王星一览无余地展现在我们眼前。

天王星的密度

长期以来，天文学家一直对天王星的比重感到疑惑。天王星的体积是地球的 64 倍，而重量只是地球的 14.6 倍，也就是说，天王星的密度不到地球的 1/4。这是怎么回事呢?科学家根据"旅行者—2"号发回的数据资料分析，认为天王星上有大量的气体，而这些气体只有彗星才存在。于是天文学家们推断，天王星是由几百万个彗星组成的一个巨大方块。而地球却是由铁石组成的，所以密度比天王星大得多。

科学家们发现，天王星的表面覆盖着深达几千千米的海洋。因为彗星主要是由冰块组成的，冰块在冲撞时产生的高温，又使冰块融化成高温的水，同时天王星外面还包围着几千千米厚的大气，在巨大的大气压力下，水虽然温度很高，却没有沸腾。

通过以往的地面观测，天文学家发现天王星有 5 颗卫星。不久前，"旅行者—2"号又发现了 15 个。从给天卫五拍摄的特写照片上可以看出，天卫五上面的地形复杂得令人难以相信，有山脉、峡谷、悬崖、冰川、环形山等。天文学家们把天卫五形象地叫作太阳系天体中的"地形博物馆"。

海王星上的大黑斑

当 1989 年 8 月"旅行者—2"号抵达海王星时，它那台经历了长途跋涉的摄像机，勉强拍摄了这颗亮度只有地球 1‰ 的行星的照片，飞船内的无线电发射机只能依靠 20 瓦灯泡那样微弱的能源发回信息，而当微弱的信号经过 4 小时、45 亿千米传送到地球后，它的能量已减弱了许多。然而，经过地球上超级计算机的处理，居然把"旅行者—2"号飞掠海王星所获得的照片复原得如同直接拍摄的一样清晰。

从大量送回的照片中可以看出海王星的一些重要特性：首先海王星被一层厚厚的云团包裹着，有些地方还发现地球大小的"大黑斑"。科学家推测，海王星保持着行星形成时留下的热量。这些热扰乱了遮盖海王星的寒冷气体，使其动荡，产生时速高达 1100 千米的飓风，于是形成了"大黑斑"。其次，是海王星的磁极偏离其地理磁极 50 度（而地球只偏差 10 度）。经研究认为：海王星的大气下层有一层像水一样具有传导性的流体，海王星的磁性可能就是由这些流体产生的，因而，当行星内部的热量或其他动力，使这种流体以某种特定的方式流动时，只要流体的流向不与地理磁极垂直，则它所产生的磁极就会偏离地理磁极。海王星的另一个特点是极地和赤道的温度几乎相同。

做客海王星

　　"旅行者—2"号宇宙飞船自 1977 年发射升空后，创造了许多奇迹。1981 年它与土星相遇，1986 年与天王星交会，1989 年 8 月又成功"做客"海王星和海王星最秘密的卫星"海卫一"以及其他的卫星。

　　如果天文学家对来自海王星的发现感到吃惊的话，那么，他们对海王星那颗巨大的卫星"海卫一"简直要惊得目瞪口呆了。海王星虽然是太阳系最冷的天体，但却有火山活动，而且火山坑星罗棋布。从照片上可以看出，海王星表面剧烈喷发着高达 8 千米的气体，分析认为，这种由氮和其他气体组成的令人惊奇的喷泉是由海卫一内部喷发出来的。此外，海卫一也是继土卫六后的第二个有极光的卫星。由于极光是带电粒子通过大气时大气分子电离所产生的，由此可知，海卫一也存在大气层。

　　在大量的海卫一信息中，最令人兴奋的并不是海卫一本身，而是在于它所带来的信息。因为"旅行者—2"号已不能再去访问冥王星了，

但由于海卫一和冥王星大小和密度都相似，也许它们的表面和大气层也相似，因而通过海卫一可以间接了解冥王星。海王星是"旅行者—2"号的最后一站，但并不意味着它工作的结束，它的传感器和无线电发射机还能持续工作 25 年，使它能飞行到太阳系的真正边缘。

冥王星的发现

太阳系有九大行星。九大行星距离太阳由近到远的排列次序是：水星、金星、地球、火星、木星、土星、天王星、海王星和冥王星。水星、金星、火星、木星和土星，这五颗大行星是我们肉眼可以看到的。1781 年，科学家用天文望远镜发现了天王星，对它的运行规律不断地进行观测，发现它总是不大"安分守己"，不遵循根据万有引力定律算出的轨道。科学家设想，可能在天王星的轨道外面还有一颗行星，正是这颗行星的引力"扰乱"了天王星的运动，使它总是偏离它本来的轨道。人们又仔细地观测其他行星的自然规律，来寻找这个未知行星运行的大概规律，终于在 1846 年发现了海王星。但发现海王星后，也和天王星一样，也有点不规则，是不是在海王星以外还有颗行星呢？人们根据以前的实践和计算，确定了它的运行大概规律。1930 年美国的克赖德·汤博宣布找到了它。认为它是另一颗行星，并将其命名为"冥王星"。

随着测量技术的推进，人们发现冥王星的质量在令人吃惊地不断缩小。1915 年洛韦尔曾估计冥王星的质量是地球的 6.6 倍，1955 年的数字是 0.8 倍，1968 年又缩到了 0.18 倍。虽然质量缩小了，但由于冥王星的体积小，直径至多不超过 5800 千米。

探测冥王星

美国洛厄尔天文台的马克·布伊博士在新闻发布会上说，冥王星表面亮区可能主要是由氮冰构成的，而暗区则可能是由甲烷冰组成的，受到阳光影响的甲烷冰会变色。由哈勃太空望远镜传回来的照片所显示的冥王星表面特征大部分可能是由杂乱分布的冰冻地点形成的。随着季节性的周期变化，冰冻地点的分布也会有所改变。之所以会出现亮度差异，可能是因为地形特征，如盆地或受到外来天体撞击之后所成的陨石坑。

冥王星有一层由氮气和其他气体组成的稀薄大气层，冥王星绕太阳公转一周为 248 年，在此期间当冥王星运行至近日点时，它的大气层会明显加厚。以椭圆形轨道运转的冥王星近日点距太阳 44.8 亿千米，远日点距太阳 73.6 亿千米。科学家解释说，当冥王星距离太阳最近时表面温度会升高，使冰层汽化大气层加厚。

勃太空望远镜拍摄的照片是冥王星在 1994 年 6 月底和 7 月初期间的表面写照。哈勃太空望远镜在 6.4 天(冥王星自转一周的时间)时间里几乎拍下了冥王星的整个表面照片，还拍摄了冥王星自转的录像。有关冥王星的这些图像巩固了大多数天文学家认为的冥王星不折不扣地是一颗行星的论点。

科学家估计，冥王星表面结冰的亮区部分温度约为零下 190 摄氏度，而暗区部分的温度约为零下 176 摄氏度。

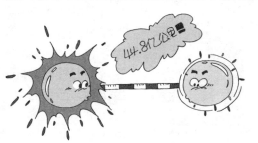

行星"音乐"的演奏

美国科学家在"探险者—2"号宇宙飞船上安装了一种仪器，能够接收附近星球上发出的无线电波。这些无线电波经过一种微处理机和音乐合成器，被"翻译"成一种具有"星球风格"的诱人"音乐"。这些"音乐"时而温柔优雅，像小鸟鸣叫一样婉转动听；时而深沉，时而尖利，像起伏的波涛和人工吹的口哨。这些声音交织融合在一起，给人难以忘怀的印象。

这些来自附近行星的"音乐"究竟是怎么回事，它表示的又是什么意思呢？原来，行星发出的无线电波与太阳风有关。太阳风是一些带电粒子流，它包含电子、质子和离子等，源源不断地从太阳发射出来。当它们经过某个行星的磁场时，就像被拨动的琴弦那样产生了振荡。电子是最轻的粒子，因此它可以"弹"出最高音调的声音；质量是这些粒子"合唱队"中的"男低音"，发出的声音低沉浑厚。

科学家认为，在已接收到的行星"音乐"中，要数土星的声音最神秘莫测了。它的"音乐"既慢又低沉，就像是一组低音大提琴进行的四重奏，并持续很长的周期。有时它也会发出清脆的音调，像铃一样叮当作响，但有时候，它却常常停止奏乐，悄然无声。

九星会聚

　　九大行星永不停息地围绕着太阳运转着。最灵巧的是水星，88 天绕太阳一周；金星大约得 7 个月；地球为 1 年；最远的冥王星竟要 249 年！由于周期不同，因而会聚在太阳同一侧的机会并不常有。

　　1982 年 3 月 10 日行星会聚在太阳的一侧，扇形张角为 96 度的范围内。我们把这种罕见的现象叫作"九星会聚"或"九星联珠"。有人认为，九大行星排列在太阳一侧的直线上，它们产生的潮汐力足以使地面山崩地裂，触发海啸地震，会引起灾难性的后果。

　　其实，这些担心是多余的。因为潮汐力的大小，不仅与天体的质量成正比，还与它们之间距离的立方成反比，所以，尽管月球的质量只有太阳的几千万分之一，但地球所受到的月球潮汐力要比太阳的潮汐力大得多，至于行星的潮汐作用，与此相比，就更微不足道了。如果我们把月球的潮汐力算作 1，那么太阳的潮汐力只有 0.45。行星中最大的是木星，它对地球的潮汐力充其量也不过十七万分之一！除非使用最精密的科学仪器来测量，不然谁也觉察不到这样细微的变化。再说，像 1982 年那样的行星会聚，自古以来，已经发生过不知多少次了，但在地球上从来没留下过什么痕迹。

冥外行星

发现冥王星后，天文学家们猜想，太阳系内可能还有第 10 颗大行星。它要么在水星轨道以内，要么在冥王星轨道之外。于是人们又以极大的热情去寻找"水内行星"和"冥外行星"了。

水内行星一定很靠近太阳，所以很难观测到。它只能在日全食的瞬间去寻找。但是，多次的日全食观测，包括 1980 年 2 月 16 日(那天正好是农历春节)发生在我国云南省境内的日全食，人们始终没能找到它。

但是，"冥外行星"很可能是存在的。因为太阳的引力作用范围是很大的，大约有 4500 个天文单位(1.496×108 千米)，而冥王星距离太阳只有 40 个天文单位。因此，冥王星离太阳系的边缘还很远很远。从冥王星到太阳系边界之间的辽阔空间中，难道就没有一个或几个行星围绕着太阳旋转吗?看来，"冥外行星"应该是存在的。但是，它可能很小、很暗弱，所以即使用大型天文望远镜也很难观测到。

美国天文学家安德森根据"先驱者"号宇宙飞船的飞行情况推测，冥外行星的质量约为地球的 5 倍，它和太阳的距离在 79～100 天文单位之间，绕太阳转一周要 700～1000 年。由于这颗行星的公转周期很长，目前可能处在观测不到的范围内，所以人们始终找不到它。

小行星的发现

  小行星是广泛分布在火星和木星中间地带环绕太阳运行的小天体，据统计，不下 4 万颗。小行星数目虽多，但个头儿都很小，最大的第 1 号小行星谷神星，其直径也只有 1000 千米。提起谷神星，话就长了。在 1781 年以前，人们知道的大行星只有水星、金星、火星、木星和土星。自从 1789 年发现天王星以后，人们发现太阳系各大行星的排列是相当有规律的，只有从火星到木星的轨道，打乱了这个规律。火星离木星非常遥远，根据行星分布规律，它们的轨道之间，还应该有一颗大行星。

  1800 年，6 名德国天文学家组成了一个叫作"空中警察"的小组，试图寻找这颗未知的大行星。正当他们搜寻未遇的时候，意大利天文学家皮亚齐却意外地有了收获。1801 年 1 月 1 日，意大利的西西里岛上天气晴朗，岛北巴勒莫天文台台长皮亚齐就连这 19 世纪的第一夜也不愿放弃，顶着寒风，抓紧时间进行观测。突然，他发现一颗陌生的天体，第二天晚上就改变了位置。皮亚齐以为它是一颗新发现的彗星，后来终于被证实，这是一颗前所未知的，运行在火星和木星轨道之间的小行星，并被命名为谷神星。

研究小行星

几千年来,天文学家探索研究的一个重要课题,就是地球以及整个太阳系是怎样产生的?太阳系形成之后又是怎样演变的?在研究这些问题时,地球等大行星本应是理想的对象,可是由于这些天体的体积较大,内部的重力和热作用使得形成初期的状态早已不复存在。然而在小行星上面却保存了太阳系形成初期的丰富信息,因此它们在研究太阳系的起源和演化问题中具有特殊的意义。

小行星虽然大部分集中在火星和木星轨道之间,但是还有一部分有时会跑到地球的附近,这类小行星叫作"近地小行星"。古生物的科学家有一个长期解不开的谜团:为什么中古代动物恐龙会突然灭绝了?1968年以来,天文学家陆续用小行星碰撞事件来解释这个问题。他们认为,大约在6500万年前,有一颗直径大约8千米的小行星碰撞了地球,引起火山爆发和森林大火,产生的灰尘遮天蔽日,在长达5年多

的时间里绿色植物难以生长,恐龙等动物由于找不到食物而绝了迹,而较小的动物却生存了下来,以后又逐渐发展成新的物种,包括我们人类的祖先。

研究这些小行星还因为在一些近地小行星上蕴藏了许多铁、镍、钴等金属以及包括白金在内的重金属和稀土元素,可以用来建造空间站和直接开发。

地球的灾星

1998年3月18日哈佛史密森学会天体物理中心的天文学家布赖恩·马斯登宣布,通过计算得出,一颗直径为1.6千米的小行星将在2028年10月26日飞临地球,它与地球的最近距离为4.8万千米。马斯登说,虽然这颗小行星撞击地球的概率不大,但不能完全排除这一可能性。

这个消息传出后,立即引起同行的高度注意。新墨西哥州的洛斯阿拉莫斯实验室的天文学家希尔斯随即对这颗小行星进行了演算,结果得出这一编号为1997XF11的小行星,如果到时与地球相撞,它的时速将超过6万千米,产生的能量是扔在广岛的原子弹的2000万倍。希尔斯预计如果它落到海洋里,会掀起数百米高的海浪,各大洲的海岸将遭淹没,沿海的城市将成为滩涂。如果是撞在陆地上,将会砸出一个直径至少有50千米的大坑,激起的尘土和水雾将遮蔽太阳几个星期,甚至几个月。

这一下人们开始感到恐慌,世界末日的阴影似乎已经出现。令人庆幸的是,这种气氛仅仅维持了一天,19日,天文学家公布了重新进行运算后的结果,新数据显示,XF11对地球根本构不成威胁,因为在2028年它与地球的最近距离不是原先的4.8万千米,而是100万千米,它与地球相撞的可能性是零。

躲避小行星撞击

在众多的小行星撞击坑中,迄今最有名的是在墨西哥半岛,直径有 195 千米,科学家认为这是 6500 万年前一个直径为 10～13 千米的彗星或者小行星撞击地球留下的痕迹。在这次撞击中,地球上 70% 的生命遭灭顶之灾,恐龙也是在这次撞击中绝迹的。

最近的一次大撞击发生在 1908 年,也就是所谓的通古斯大爆炸。据推测,一颗直径小于 60 米的小行星或者彗星碎块闯入大气层,在距地面 8 千米的上空发生爆炸,大火摧毁了几百平方千米范围内的森林。

地球到底要面临多少次上述那样的来自外空的打击呢?这实际上是没法回答的。从目前掌握的情况来看,有 2000 多个直径超过 1 千米的小行星和碎块在围绕太阳运转并与地球轨道相交或者非常接近。如果直径为 90 米到 1000 米的也算在内,就有 30 万个,这样的碎块每一个都足以引发通古斯大爆炸。

那么,有什么方法可以躲避小行星撞击呢?科学家提出用火箭拦截或者至少让它改变轨道,不过,这种方式对体积不大的星体并且在它离地球很远时可能比较有效。但对于直径 90 米以上的物体,则要动用核弹了。

近地小天体

　　1993 年 4 月,十多个国家的科学家在意大利埃里斯聚会,研究了近地小天体撞击地球的可能性和防范措施,并通过了《埃里斯宣言》,内容如下:近地小天体的碰撞对于地球的生态环境和生命演化至关重要;从长远的观点看,有可能发生一次足以毁灭人类文明的近地小天体碰撞;这种威胁近期还不算严重,但是绝不亚于其他自然灾害。这种威胁是现实的,国际社会需要进一步的努力,唤起公众的注意;近地小天体碰撞的一个严重威胁,在于国际形势紧张的时期和地方。由近地小天体在大气中自然产生的爆炸,会被误认为是核爆炸,从而引发核报复。

　　1994 年 7 月 17 日至 22 日,震撼世界的彗星与木星大碰撞发生了。苏梅克—列维 9 号彗星分裂后的 20 个彗核碎块(直径分别为 1~3 千米)以每秒 60.5 千米的速度连续撞击木星,猛烈碰撞产生的能量,相

当于 5 亿~6 亿颗广岛原子弹。碰撞形成的火球,温度高达 7200 摄氏度,火球爆炸抛射出的微粒以每秒 10 多千米的速度冲向 3300 千米的高空,此后形成了直径 11 万多千米的尘埃云,也就是我们所观测到的彗木碰撞"黑斑"。

外来天体的撞击

　　"人类只有一个地球,为了保卫地球和人类社会的安全,各国科学家应该联合起来,共同研究和对付近地天体撞击地球的威胁。"科学家提出,为了将地球变成一个设防的星球,需要建立一个探测近地天体的国际合作网,尽快地把那些尚未被发现的近地小行星、彗星找出来。美国宇航局曾带头酝酿一项地球空间防卫计划,建造 6 架口径 2.5 米的望远镜,再配一先进的 CCD 探测器,分布在南北半球,用于对近地小行星和彗星进行 24 小时的连续探测和跟踪。彗星和木星碰撞后,美国国会要求宇航局加紧实施这项地球空间防卫计划,要求用 10 年左右的时间把直径 1 千米以上的近地天体都找到。

　　科学家提出,为地球设防而制定一个拦截计划是完全必要的。出席弗摩尔会议的各国代表提出了各种拦截计划,如发射宇宙飞船使用非核爆炸或核爆炸的手段,对可能撞击地球的近地天体采用直接击毁、着陆爆炸,使之改变轨道等方法来避免地球遭撞击。为了实施空间拦截,必须准确地测定近地小行星、彗星的轨道,用地面观测和空间探测手段研究小行星、彗星的物理、化学性质。与会科学家认为,这个问题只要引起各国政府、各国科学家和社会各界人士的重视,人类有可能避免外来天体的撞击。

月球的形成

　　一个多世纪以来,科学家提出了许多月球成因的假说:分裂说、俘获说、同源说和碰撞说。

　　提出分裂说的科学家认为,地球和月球原来是一个行星。当它还处于熔融状态时,由于星体高速的自转,行星从赤道带上甩出了一大块物质,月球就是由这块物质形成的。

　　俘获说的提出者认为,地球和月亮诞生在同一块太阳星云里。月亮诞生以后,起初独自绕太阳公转。后来由于天体的碰撞或其他的原因,它走近地球,冷不防被地球的引力抓住俘获,于是就变成了地球的卫星。

　　地月同源说的学者认为,月球和地球是一对孪生兄弟,是双双相伴而在同一块星云中诞生的。月亮成为地球的伴侣,不是偶然事件凑合而成的,完全是自然而然的事。

　　主张碰撞说的学者认为,在地球形成后不久,一个来自太阳系内部的,像火星那样大的天体,以每秒 11 千米呈斜角碰撞了地球,这一碰不仅使地球自转变快了,同时在碰撞最强的部位,抛出了许多因撞击加热而汽化了的岩石物质,这些气体先是绕地球转动,而后凝聚成了月球。

　　月球成因的这些假说,究竟哪一个最符合真实情况呢?现在还在探讨之中。

中国人名字上了月宫

月球上的环形山大多以各国著名天文学家或其他著名学者的名字来命名。过去，我们知道月球背向有四座环形山是用中国人的名字命名的，他们是：石申、张衡、祖冲之、郭守敬四位。

石申是战国中期天文学家，张衡是东汉科学家，祖冲之是南北朝时期南朝的科学家，郭守敬是元代天文学家。

其实，还有第五位。这个人的名字叫王古或万户。王古是 15 世纪末的一位烟火工匠，万户可能是他的官职。据传说，他发明了可以操纵的火箭飞行器，上有座椅，由巨型火箭牵引，外表很像两条连在一起的飞蛇。在一次飞行试验中，火箭爆炸，王古不幸殒命。

关于王古，史籍记载不详。国际天文学联合会月面环形山命名工作小组特意选他的名字，是为了表彰古代中国人民在火箭技术方面所显示的才能。以王古命名的环形山位于月球背面，它的规模在以中国人的名字命名的五个环形山中居于首位。

月球有多大岁数

经过科学工作者的分析，地球的年龄约 47 亿岁，那么月球的年龄呢？

过去，对这个问题确实不好回答。1969 年 7 月 21 日，当宇航员带着月球上的岩石和土壤返回地面后，科学家对这些月岩和月壤进行了分析研究，月球的年龄可以揭晓了。

科学工作者是怎样推算月球的年龄呢？

原来，月球岩石和地球岩石一样，都含有放射性钾，这种放射性钾，能够缓慢地衰变成氩。因此，只要知道某一岩石中，放射性钾已衰变出多少氩，人们就可以推算出那块岩石的年龄了。

宇航员发现月岩的大部分是火成岩，它们的生成有两种可能：一是由原先的熔解状态，凝固而成今天的样子；二是因巨大的陨石撞击月面时，产生的高热所造成。据分析，这种火成岩的年龄，大约有 30 亿岁。

宇航员不仅发现月球上最年轻的岩石年仅 300 万岁，而且还发现月岩中有块号称最古老的岩石，据地质学家分析，它可能是月球形成时的残存岩石，已有 46 亿岁的高龄了。

由此推断，月球和地球的年龄大致相同，真是老伙伴了。

月到中秋分外明

我国有句俗话："月到中秋分外明"。为什么"月到中秋分外明"呢?是中秋节的月亮特别明亮吗?不是。月亮是不会发光的,我们看到的月光是太阳光照在月球上反射出来的,而太阳光在千万年中并没有什么显著的变化。那么,究竟是为什么呢? 主要是因为"秋高气爽,玉宇无尘"。

首先,每逢入秋后空中的暖湿空气就逐渐被来自西伯利亚的干冷空气代替,这种干冷空气非常干燥,很难凝结成云雾,所以,它们控制的地区天气总是晴朗的。其次,入秋以后,地面的热量逐渐降低,空气上下对流的现象减弱了,因此地面附近的杂质灰尘很难大量地被卷到高空去。同时,"中秋"前后,风力小,大地又有树木掩盖,加上土地还比较湿润,灰尘也不易扬起。因此,杂质灰尘对月光的反射、吸收和折射大大减少了。另外,每年的中秋节差不多都在"秋分"前后,此时,对北半球来说,太阳、月亮和地球的位置正是成直线或接近直线的时候,月亮能将阳光完全反射到地球上。

由于上面所说的这些原因,每逢中秋的晚上,我们看到的月亮就显得格外明亮了。

白天看到月亮

　　每当我们提起月亮的时候,总是和黑夜联系起来。实际上有的时候,白天也能看到月亮。就像俗语所说:"初三新月少见人,上弦月亮白天跟;十八九月饭后亮,下弦月来半夜灯。"意思是说,初三的月亮只出来很短时间,一会儿就在西天落下去了。初七八的月亮在太阳后面紧紧地跟上来,中午时候,太阳正在头顶,它已经在东边出来。十八九的月亮怎么样呢?要等到晚上八九点钟才出东山。二十二三的月亮来得更迟了,要等到半夜才在东方,像挂灯笼似的冒出地平线来。那么,为什么会这样呢?

　　因为月亮27天多绕地球一周。我们把它运动的大圆圈分成360度,那么一天就走了13度。1度等于4分钟,13度就等于52分钟;因为这样,只要你一连看几天,就可知道月亮每天要晚出来52分钟。

　　农历初七八的时候,太阳比月亮早了6小时出地平线,所以过了中午当太阳走到西边的天空,上弦月已经出现在东边天空了。

　　阴历月半,月亮在晚上6点钟出地平线,到农历十八九的日子,月亮就推迟到八九点才出来。到农历二十二三的月亮在半夜才出来,当太阳在东方出来时,月亮才转到西方天空,这样人们在白天也就能看到月亮。

发生月食的间隔

我们知道,只有当太阳、地球、月亮的位置正好在一条直线上的时候,才有可能发生月食。但是,在月亮绕太阳运行,太阳在视运动中"走"过的轨道(黄道)与月亮在视运动中的轨道(白道)平面之间有个平均为 5 度 08 分的倾角,因此两个轨道之间便有两个升降交点。只有太阳在这个交点附近,月亮

在另一个交点附近,中间的地球影射到月亮上,才会发生月食。这样,我们可以计算出来,大约每隔半年(农历 6 个月)发生一次月食。因为月食必定发生在"望"日(农历每月十五、十六或十七凌晨)。

这么说,是不是每隔农历 6 个月,我们就一定能够见到一次月食呢?那倒不一定。因为发生月食必须具备两个条件:一个是太阳、月亮必须各自处在相对的两个交点附近,另一个是必须处在"望"日。这里所指的"交点附近"必须有个区域范围,倘若超过这个范围,即使在"望"日,也不会发生月食。

不过,由于月亮在空间的位置老是在不断变动,它的交点也就随着不断移动,大约在 18 年 11 天又 8 小时后,上次出现的交点,还会重新回到原来的地方。正因为如此,天文学家才能够准确地推算出今后若干年内发生月食的次数和时间来。

有多少种月相

月亮温柔恬静,皎洁迷人,是文人墨客吟诗抒情的好题材。然而,有些作者失于观察,缺乏月相的基本常识,常常闹出一些笑话来。

天文学把月亮的盈亏现象划分为朔月、新月、上弦月、望月、下弦月、残月6种月相。朔月不可见,望月捧玉盘,上弦下弦半边月,新月残月两头弯。按照月球运行的规律:新月总是黄昏出现在西方天边;残月总是清晨出现在东方天边。随着地球由西向东自转,"慢悠悠地摇向天心"的只能是清晨出现在东方天边的残月;而夜幕降临的时候,西边的新月却在慢悠悠地驶向天涯。

"弯月如舟"的比喻,如果是在赤道附近,包括我国的台湾、海南岛、云南南部地区来看,倒十分形象。在那里月牙弯背向下,酷似浮在海上的一叶小舟。而站在长江之滨仰望星海的作者,是无此眼福的。在北半球,人们看到的一勾金月确实宛然若弓。残月呈"C"字形;新月弯背与它恰恰相反。

其实,不光是文学作品,还有些美术作品也常常把清晨的残月与傍晚的新月给弄颠倒了。有的甚至把一弯新月画在天心,来说明夜已至深。这不是浪漫主义,只不过是违背自然常识的笑料而已。

月相更替

　　月亮本身不发光,由于它反射太阳光而发亮,才被人们看见了。月亮不停地绕着地球做周期地运动,太阳、地球和月亮的相对位置不断地变化着。当月亮转到地球和太阳之间时,月亮对着地球的一面一点阳光也照不到,因而我们看不见它,这时的月相叫作"朔"。而后,月亮沿着自西向东的轨道转过来,阳光逐渐照亮了月亮对着地球这面的边缘部分,于是我们就看见了一个弯弯的月牙儿,叫作"蛾眉月",也叫"新月"。此后,月亮继续转过来,对着地球这面被阳光照到的部分也逐渐加大,月牙儿便一天天地"胖"起来。当对着地球的这面有一半照到阳光时,我们就看到了半个月亮,叫作"上弦月"。而后,月亮逐渐转到和太阳相对的一面去了,月亮对着地球的这面越来越多地照到了阳光,看到的月亮也一天比一天圆,叫作"凸月"。当月亮完全转到和太阳相对的一面时,对着地球的这面就会全部被太阳所照亮,我们就看到了一轮滚圆的明月,叫作"满月"或"望月"。满月之后,月亮继续转过来,对着地球的这一面所照到的阳光越来越少,我们所看到的月亮也就一天比一天缺损,相继出现"凸月""下弦月""残月",直到朔,一个新的周期又开始了。

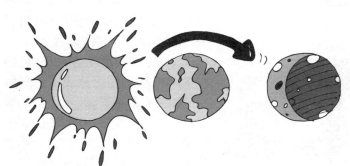

"日月平升"的奇观

1980 年，杭州大学的一位教师在古书中看到了"日月平升"这个天下奇观，便在当年农历十月初一赶到了浙江钱塘江北岸的"鹰穿顶"，目睹了

太阳和月亮在清晨同时出现的美景。据说，"日月平升"时，太阳和月亮同时跃出钱塘江江面，紧紧地在一起，太阳显出美丽的红色或藕色的光环；有时月亮先出来，随后几乎在同一垂直线上太阳露面，太阳托住月影一起跳动；有时太阳升起后，旁边会出现一个暗灰色的月亮，一会儿跑到太阳左边，一会儿又跑到右边，时而在太阳上面，时而又出现在太阳下面；有时月亮还会从太阳前面滑过，太阳表面大部分被月亮遮掩，颜色变暗，周围闪现出金黄色的月牙形……

我们知道，月亮是地球的卫星，它又和地球一起围绕着太阳旋转。月亮的直径只有 3476 千米，而太阳的直径长达 139 万千米，相差悬殊。当然也不会同时出来了。其实，"日月平升"的现象是由于大气折射造成的，也是"大气哈哈镜"的杰作。至于这面哈哈镜是怎样把太阳和月亮同时送上天空的，为什么只能在每年农历十月钱塘江北岸的"鹰穿顶"才能见到这一奇景是，因为十月空气干燥而酿成的一种太阳光折射现象，还是"鹰穿顶"上有什么特殊条件，才铸成了这一天下奇观，这是大自然留给我们的一个谜。

月球上的"海"

通过望远镜可以看到月面是由复杂的结构，组成了一派气象不凡的"月宫"景观。有许多看起来比较暗淡的区域，面积较大的称为"海""洋"，较小的称为"湖""湾"等。其实，月球上连一点液态的水都没有。后来的观察证明，这些都是月面上比较低洼的平原，它们约占月面的 25%。最大的平原是"风暴洋"，面积达 500 万平方千米。月面上明亮的部分是高地和山脉，即所谓"陆"。月面上"陆"(山地)比"海"(平原)多，特别是南半球更多。"陆"比"海"平均高出 1500 米。月面上最显著的特征是星罗棋布的"环形山"，它们都是四周隆起、中间低陷，像地球上的火山口。在月球的可见面，直径在 1 千米以上的环形山就有 30 万座以上。不少的环形山直径在 100 千米以上，最大的一座环形山叫格里马第环形山，直径达 235 千米。

据传，古人用肉眼看月亮，似乎隐隐约约看见嫦娥梳着发髻，弯腰捧书，正在阅读。岂知所谓嫦娥的影子，正是月球上"海"的所在地。嫦娥的头部是"丰富海"；发髻是"危海"；上身是"静海"；那本书是"酒海"；围腰下面是"澄海"和"汽海"；像一条飘带又像衣裙的下面是"雨海"；像拖地长裙又像脚下祥云的是"湿海"和"云海"；像一盏灯的是"第谷"环形山，这座山美丽的辐射纹，酷似明亮的灯光。

"月 震 云"

地球上存在"地震云",月球上有没有"月震云"呢?1983 年 9 月 1 日,美国报道,在月球上发现了"月震云"!"月震云"是怎样发生的呢?科学家们通过长期观测,在月球上有时能突然看到奇异的光。这些光显示着几种不同的形式:有时它们是一些很快消失的突然的闪光;有时这些光很明亮,发光的时间能持续半小时以上。这些闪光或明亮的光,有时甚至显示红色或粉红色爆炸。英国威尔斯博士说,这些光是从月球表层下面跑出来的气体所产生的,气体引起月球表面的尘埃上升,并且形成云,它捕获太阳光而引起发光。这种气体是当月球轨道接近地球时被释放的。他注意到当月球离地球最近时,奇异光就会产生。英国科学家认为地球吸引月球,就会引起月震和月球表面的活动,从而引起气体的上逸,形成"月震云"。

威尔斯博士的理论中有一部分通过美国"阿波罗"月球计划而被证实。"阿波罗—15"号宇宙飞船发现了放射性氡气从月球表层下面逸出的证据。科学家说,在月球上氡气的存在意味着一定还存在其他气体,因为上逸的气体能够携带放射性氡气到月球表面。

月球上有水

1998年，美国东部时间3月5日中午，美国宇航局正式宣布，"月球勘探者"号无人驾驶探测器发回的初步数据显示，月球上存在水的可能性极大，这些水在月球上是以冰冻形式出现的。

"月球勘探者"号是1998年1月6日发射升空的，环绕月球运行只有2个月时间。但是根据"月球勘探者"号提供的最新数据，美国宇航局对月球上有水的结论已相当肯定，它宣称："科学家已经获得月球上存在由水构成的冰的确切证据，并据此对冰的数量、所处位置以及分布情况作了估计。""月球勘探者"号提供的数据是由它所携带的"中子分光仪"采集到的。因为水分子是由氢原子和氧原子组成的，所以，"中子分光仪"对接触氢原子后失去大部分能量、移动速度放慢的中子数量进行探测，进而确定氢原子的数量，发现水源的踪迹。

值得庆幸的是，探测中确实在月球的南北两极发现了显示水分子"特征"的数据"信号"。此外，基于"特征"明确，但"信号"又相对较弱的特点，科学家指出，水分子或许并不完全集中在月球极地的冰层中，恐怕还存在于许多该区域由陨石撞击留下的陨石坑内。

月球上的水之所以能在南北两极留存下来，是因为月球极地区域不受太阳的照射，温度低，蒸发量小。

月球上没有大气

　　月球直径约为地球直径的 1/4,体积只有地球的 1/81。在地球上,一件物体要离开地球,需要每秒 11.3 千米的速度。月球质量小,吸力只有地球的 1/6,因此,月球上的物体只要每秒 2.4 千米的速度就足够飞出月球了。月球上很可能从前有大气,但是,月球上的昼夜竟然长达 29.5 天,白天有两星期长,大气分子被阳光照射加热后,分子运动速度超过了每秒 2.4 千米,结果都飞到太空里去了。因为没有大气,如果月球上以前有水的话它也很快地蒸发,并且很快地散逸到太空中去了。

　　由于月球没有大气保护,白天它会热到 120 摄氏度,而在月球上的黑夜,温度很快地下降到零下 160 摄氏度。这样急剧的和巨大的温度变化对到达月球上的人来说是一个大问题,一定要穿上宇航服,当然还要自带空气、水和食物。但是两个星期长的白天的高温对电能供应来说却变成简单到令人不可置信。只要用涂黑的可以吸热最多的水管暴露在阳光中,水就变成蒸汽推动蒸汽机发电,长期供给电能。当然,还有比这更好的方法,那就是用太阳电池直接把太阳热辐射能变成电能。有趣的是在月球上不必用炉子做饭,任何一块石头都可以代替炉子,方便极了!

月亮会影响健康

美国医学家利伯指出：人体内约有 80% 的液体，月球引力也能像引起海洋潮汐那样对人体中的液体发生作用，称为生物潮。满月时，月亮对人的行为的影响比较大，这时人的头部和胸部的电位差比较大，容易引起激

动、亢奋。月亮还能影响人体的生理机能。最明显的是妇女月经周期，与月亮绕地球的旋转周期相同。不久前，医学家调查了 1000 多例在手术台上的病人，发现出血性病人在满月之夜最危险；由肺结核引起的出血性死亡，也大多发生在满月前后的几天里。

为什么会有这些影响呢？医学家认为，主要是月亮的电磁力影响人的激素，体液和电解质的平衡所致。人体的每个细胞就像微型的太阳系，具有微弱的电磁场，月亮产生的强大的电磁力（相对于细胞而言）能够影响这一微小的细胞世界的平衡，使人体与外界之间的平衡发生明显的改变。人体不同部位水分有的增加，有的降低，就引起了人的情绪与生理的相应变化。目前，月亮与人体健康已受到了科学家们的关注，人们希望尽早全面地认识它，并利用它有利的一面造福于人类。

开发月球

自 1959 年苏联的"月球—1"号飞临月球以来,已经发射 60 多个月球探测器,获得大量有关月球表面、月质结构等方面的资料。美国的"月球探测—4"号和"月球探测器—5"号,在飞近月球"雨海""危海"等"月海"上空时,发现下面的重力场特别强,表明那里的物质聚集特别集中,这种地方称为"质量瘤"。在月球正面发现了 12 处这样的质量瘤。"阿波罗"飞船登月带回来的月岩和月壤样品中,发现有 60 种矿物,其中有 6 种是地球上没有的。地球上所有的化学元素在月岩和月壤中都相继找到,但是没有找到生命物质。1969 年 7 月至 1972 年 12 月,先后有 6 批共 12 名宇航员乘"阿波罗"飞船登上月球。他们在月球上使用了月球车,采集了月岩和月壤标本,安设测量仪器,拍摄了许多月面照片,进行了若干科学实验。

月球是一个资源丰富的宝库。拥有大量的铁块状矿石,除含铁外,还含镍和钴。月岩和月壤中还含有铝、钛、锰等金属及放射性元素铀和钍等。火成岩是提取铝、硅、氧的良好原料,而氧对发展空间科技来说是至关重要的,建造空间工厂所需的原料大部分可以从月球取得。开发月球的计划将分段进行。先建临时性基地,再建永久性基地,最后建立可容纳千人以上的月球城。

征服月球

21 世纪人们将在地球外空间轨道上建立永久性的太空基地,登上月球,并长久生活下去。

科学家正在考虑如何利用月球上的材料来建设月球基地,并将这些宝贵的资料带到地球。月球上的岩石有一半是氧的化合态,核能可以把这些物质分解,从中提取氧,最后以液氧形式运回地球。液氧可成为航天器的主要燃料,像航天飞机那么大的一艘飞船可运回 20 吨液化氧,这些能源足够美国使用一年。

月球上的环境虽然对人的生存是艰难的,但同时它却是生产某些材料的理想环境。如生产过程需要的真空、无菌和极度低温,生产工业钻石、药物和有些精密仪器就需要这种环境。在月球上发射航天器可以比在地球上发射节约许多燃料。

如何设计适合月球条件的封闭式的建筑物将是一个大问题。在阳光直射的正午,温度达 120 摄氏度,在夜间温度又降到零下 160 摄氏度。这就要求建筑物设计成密封和能够控制温度的结构,还要能保护人体免受辐射的侵害和使农作物生长,并且使食物、空气、水、燃料和废物的相互循环,成为一个整体,在效率、数量和质量上满足月球生活的需要。

激光测月误差小

1969 年，美国宇航员在月球上放置了一组角反射器。它是由 100 块石英制成的直角棱镜组成的，这 100 块棱镜排成 10 行，每行 10 个，构成 60×60 平方厘米的平面列阵。角反射器刚放好，各国科学家立即向它发射激光，进行测试。

宇航员还没有离开月球，日本科学家就捕获了反射光。过了 10 多天，美国科学家测量到地球与月球上角反射器的距离是 38.392 18 万千米，误差在 45 米以内。以后，各国科学家使用高质量的激光器和精密的时间仪，逐步使测量的误差缩小。

为什么激光测月球误差这么小呢?这是因为激光是方向性最好的光。在日常生活中，人们总认为探照灯的光柱方向性最好。其实，若仔细观察就不难发现，探照灯光柱沿扇形发散，导致光柱射得不很远。与普通光源相比，激光光束的方向性不知要好多少倍。用激光束射向月球，虽经 38.4 万千米的"长途跋涉"，其投上月球的光斑仅为 2 千米大小。相反，若用世界上功率最大的探照灯去照射月球，其光柱跑不了多远就会发散掉，根本照不到月球。纵使能投射到月球，其光斑面积也会大得难以测算，它的直径至少也有几万千米。

用月球进行通信

在第二次世界大战即将结束的最后几个月里，一批德国科学家在进行一项通讯试验。晚上，他们用一架大功率的天线对着月球，发射无线电脉冲。周围寂静无声，然而几秒

钟以后，他们从无线电接收机中听到了从月球表面反射回来的脉冲回音。

1946 年，美国将这种试验用在军事通信上。美国陆军通信兵利用月球作反射面，进行了军事通信试验。1958 年，美国与联邦德国正式建立了利用月球作反射面的通信联系。1960 年，美国海军司令部与远离美国本土的夏威夷基地，利用月球建立了图片传真和电传打字的通信联系。

利用月球作反射面的通信，可以采用微波进行。这种电波不会受电离层的干扰，所以，通信质量和保密性都很好，适宜于军事通信，但是由于通信双方要都能看到月亮才能通信，所以每天只有几小时的通信时间，不能全天通信。另外，由于月球离地球距离太远了，电波来回传播的时间很长，如果甲地与乙地打电话，一问一答，电波在途中时间就要 5 秒钟。由于使用月球进行电话通信很不方便，因此目前只停留在军事通信上，还不能在商业通信上推广。

月岩来到地球

在南极阿伦山区有一块奇特的陨石,有些科学家认为它是从月球坠落到地球上的。

主张它来自月球的研究者认为,距月球上的月海大约 150 千米的布鲁诺陨石坑,很可能就是这块陨石的诞生地。因为这个坑比起月球上的其他陨石坑显得更明亮一些,说明它的上面覆有较少的月球月壤,是新近形成的。正因为它是近期撞击出来的,这就使从它那里飞逃出来的高速碎块,在脱离月球的引力成为陨石以后,有可能落在年代也比较新的南极冰盖上,并随着冰的运动来到了阿伦山区。

但是,月球上的岩石怎么会到地球上来的呢?因为月球毕竟不同于小行星,它有大得多的质量,有足够的吸引力来控制它的每一块石头。这和我们向天空抛一块石头,它必定还会落回地面一样。这块来自月球的"逃犯"是怎样获得自由的呢?

那些科学家认为,当月球受到巨大陨石的轰击,或者月球火山喷发时,其中有些碎块有可能达到脱离月球引力的速度,成为月球上的"逃犯"而闯进地球的怀抱。不过事情是不是真是这样,还要等到有朝一日从布鲁诺陨石坑找到它的"同胞兄弟"以后,才能真正确定这块南极陨石的身世。

月球的运动速度

早在1695年，英国天文学家哈雷就曾预见到月亮绕地球的运动逐渐减慢。20世纪80年代，英国

利物浦大学地球物理系的斯蒂芬森对多年来月亮减速的测量数据进行分析，其结果肯定了哈雷的预见，并认为潮汐的消耗和万有引力常数G值的变化是月球运动减慢的主要原因。

从分析海洋潮汐摩擦，2000年来记录的日、月食观测数据，范弗兰登对7000次月淹星观测数据的分析，利用"阿波罗"号宇航员放在月球上的激光反射器进行地月激光测距的结果，以及从水星凌日观测数据的间接推算等，得到月亮的减速值。其次，按照角动量守恒原理，同潮汐摩擦使地球自转减慢所失掉的角动量，绝大部分转移给了月球，使其以每年4厘米的速率离地球远去。斯蒂芬森还推论出，地球自转减慢和月球退行、减速的最终结果，将导致"一天"等于一个月。地球自转一圈需目前的54日，月球绕地球一圈也将需目前的54日。因此，月球将会对着地球的某一区域固定不动。

月亮越来越远

　　1963 年,科学家发现,珊瑚外壁上的环,能代表每年的生长物,而相邻两环之间的生长脊数,就是地球公转的周期,一年应有的天数。因为,用珊瑚化石,就可观测地球公转速度不断变化的情况。在 6000 万年前,每年均有 402 天。因此人们将珊瑚化石叫珊瑚计时器。同样鹦鹉螺化石,也能反映月球的情况。1978 年,科学家发现鹦鹉螺化石与月球围绕地球旋转的周期有关。鹦鹉螺,直径 20～30 厘米。壳体内部被许多模板分隔成若干小室叫气室,最外的一室体积最大,为动物的肉体和内脏所在。每个气室的外壳上有着一种生长线,每个生长线是一天的生长痕迹,每个气室正是一个月的生长物。现代的鹦鹉螺,每个气室恰是 30 条生长线,和现代的朔望月完全一样。而古代的鹦鹉螺化石,则不同于现代。500 万年前,鹦鹉螺的每个气室只有 9 条线;345 万年前,每个气室只有 15 条线。由此可见,月亮围绕地球旋转的天数,古代较少,现代愈来愈多。这是由于月球围绕地球的运行轨道愈来愈大,离我们愈来愈远的缘故。他们还利用万有引力学说进行计算,计算结果完全符合鹦鹉螺化石的反映,并由此推断出:400 万年前,地球和月球之间的距离,只有现在的 43%,7000 万年间,月球远离地球的平均速度为每年 94.5 厘米,而且现在仍在进行。

流星雨记载

　　人类对流星雨的观察和研究已经有悠久的历史。《左传》记载：鲁庄公七年（公元前 687 年）"夏四月辛卯，夜，恒星不见。夜中，星陨如雨"。这是中国也是世界上最早的可靠的流星雨记录。据考证，这是天琴座的流星雨。1799 年，在南美洲观测到了超级规模的狮子座流星雨，据估计那次每小时中出现的流星在 2 万颗以上。1866 年，在欧洲又观测到了壮观的狮子座流星雨，这一次每小时出现的流星数也在 5000 颗左右。在 19 世纪，人们就已经知道狮子座流星雨有 32～33 年出现一次流星暴的规律。

　　1866 年，法国天文学家坦普尔发现了一颗新的彗星，后来这颗彗星被命名为"坦普尔—塔物尔"彗星。坦普尔—塔物尔是一颗在椭圆轨道上围绕太阳运行的周期彗星，通过计算得到坦普尔—塔物尔的运行周期是 33 年。而且，坦普尔—塔物尔的轨道与狮子座流星雨的轨道也

几乎完全相同。于是，天文学家们认为，狮子座流星雨和彗星坦普尔—塔物尔很可能密切相关。

　　到现在为止，发现的流星群已经有几百个了，如著名的天琴座流星群、英仙座流星群、天龙座流星群等。

火流星

1980 年 8 月 26 日晚上 10 点 45 分,在江苏北部上空开始出现一个火球,看上去有足球大小,后面拖着一条长长的红色尾巴,从北向南飞行,当火球飞到福建上空时,已有大的分裂,形成一群火流星,前面几个较大,后面一些较小并聚集在一起,颜色橘红,明亮清晰。这次火流星飞行了 1000 多千米,在世界上是很少见的。那么,什么是火流星,为什么会发生火流星的现象呢?

质量相当大的流星体,进入地球大气高层后因同空气摩擦而发光,显得非常明亮,并且常拖着一条长长的光带,这种流星叫"火流星"。这是地球外的流星体,以每秒十几千米或更高的宇宙速度冲入地球大气层造成的。当流星体冲入大气层时,它前面的气体就受到强烈压缩,温度骤然上升,形成高达近万摄氏度的高温压缩"云",这个很热的"云"就像一顶帽子罩在陨石的前面。流星体表面在高温下熔化或汽化,产生明亮的液滴和炽热的气体。这些气体仍然以每秒十几千米或更高的速度和流星体一起往前猛冲,与地球大气的分子剧烈碰撞,使气体激发发光,这样,流星体表面和附近气体就形成耀眼的火球,而明亮的液滴和炽热的气体不断地被迎面的空气流吹向流星体的后面,形成火龙般的尾巴。

为啥会"下"流星雨

在太阳系中除了九大行星和它们的卫星以外，还有彗星、小行星及一些更小的天体。小天体的体积虽小，但它们也和九大行星一样，在围绕太阳公转。如果它们有机会经过地球附近，就有可能以每秒几十千米的速度闯入地球大气层，其上的物质由于与地球大气发生剧烈摩擦，巨大的动能转化为热能，并引起物质电离而发出耀眼的光芒，这就是我们经常看到的流星。

流星雨是一种有成群的流星看起来像是从黑色的天幕中的一点中迸发出来，并坠落下来的特殊天象。这一点或一小块天区叫作流星雨的辐射点。为区别来自不同方向的流星雨，通常以流星雨辐射所在天区的星座给流星雨命名。例如，每年11月17日前后出现的流星雨辐射点在狮子星座中，它就被命名为狮子座流星雨。

流星雨的规模大小不一。有时在一小时中只出现几颗流星，但它们看起来都是从同一个辐射点中"流动"的，因此也属于流星雨的范畴；而有时在很短的时间里在同一个辐射点中能迸发出成千上万颗流星，就像节日中人们燃放的礼花那样壮观。当每小时出现的流星数超过1000颗时，我们称其为"流星暴"。

宇宙飞行绊脚石

严格地说,流星并不是星星,它只是悬浮在太空里的细小宇宙体。在这类宇宙体中,小的像尘粒,较大的像石块。这些细小的宇宙体和宇宙间的每一颗星星相比,是微不足道的。所以这些宇宙体往往不能决定自己的"命运"——究竟往何处去?而只能被别的星球吸引。当流星被地球吸引时,它会以每秒钟 50～100 千米的高速度冲过来。由于和空气剧烈的摩擦,发出热度达到几千度,因此产生了耀眼的光亮,而它本身也往往燃烧成灰烬。

这些流星的活动情况,除了天文工作者以外,谁也不会专门去注意和观测它。但是,对于宇宙飞行来说,它却是一个绊脚石。

几百千米高的空间是个真空地带。流星在那里畅通无阻,为所欲为。当宇宙飞船飞入 100 多千米高的太空时,流星就会群起而攻之。苏联第三颗地球卫星起飞后几小时内,每平方米卫星表面每秒钟平均就

受到流星 22 次的"袭击"。流星重量一般虽然都很小——只有几分之一克重,但它有极高的运动速度,能在飞船表面撞击成 100 个流星直径那么大的凹陷。较大一些的流星,还有可能击破一般飞船的密封外壳。因此,要进行宇宙飞行,就必须认真地防范流星的袭击。

最早的彗星记录

中国古代关于彗星的观察与记载极为丰富，最可靠的记录始见于公元前613年《春秋》："秋七月，有星孛入于北斗"，星孛即彗星，这是世界上最早的一次哈雷彗星记录。《汉书》中也曾将公元前12年出现的彗星运行时间、路线、快慢及形状进行了详细的描述。自中国古代到清末对彗星的记载不少于500次。

1973年，在湖南长沙马王堆3号墓中出土了一种占验吉凶的帛书。在这部2000多年前的著作中，记录了目前所知道的世界上最早的彗星图，共有29幅，形状各异。

中国古代天文观测者对每颗彗星尾部的位置和方向都做了缜密的观察，并最早得出彗尾总是背离太阳的结论。《晋书·天文志》一书对这种现象有明确的阐述。为什么彗尾总是背离太阳呢？我国古人认为是因为太阳发出的"气"对彗尾施加一种推斥作用。"气"就是太阳风。从现代科学观点来看，彗尾背离太阳也确实是由于太阳风的作用。

在欧洲，关于哈雷彗星的最早记录是公元11年。法国的巴耳代在《彗星轨道总表》中写道："彗星记载最好的当推中国的记载。"至于彗尾背离太阳这一规律，欧洲人直到16世纪才发现，比我国晚1000多年。

彗星不是灾星

　　2000 多年前的秦始皇时期，曾经出现过彗星，有人认为，这预示着秦朝即将灭亡。公元前 44 年，古罗马帝国统治者恺撒去世。恰巧在第二年，天空中出现了彗星。于是古罗马人认为，这颗彗星是运载恺撒上天的灵车。

　　在科学不发达的古代，无论是中国还是欧洲，人们对彗星都产生过迷信和恐惧，认为只要彗星一出现，战乱、饥荒、洪水、瘟疫灾祸就会降临。

　　直到最近几百年，科学的发展才帮助人们逐步揭开了彗星的秘密。

　　彗星简直算不上是一颗星，它只是一大团气体，夹杂着冰粒和宇宙尘。天文学家证明，彗星的主要化学成分是碳、氢、氧、氮。

　　彗星明亮的"头"，叫"彗头"；又有长长的"尾"，叫"彗尾"。彗头又包括两部分：彗核和彗发。彗核很小，直径只有几百米到几十千米，可是，彗星的绝大多数物质都集中在彗核里。它的平均密度是每立方厘米 1 克，和水差不多。彗发包围着彗核，它的体积不固定，离太阳越近，体积越大，有时甚至超过了太阳。彗发的物质非常稀薄。

彗星是个流浪汉

　　彗星是太阳系大家庭中的一员，它们围着太阳转又扁又长的大圈子。有的彗星离太阳近的时候，甚至比火星还近；远的时候比木星、土星、天王星、海王星更远；还有的彗星只是偶然从太阳旁边经过，以后一直向很远的天空走去，好像是个流浪汉，只是偶尔回家看一看母亲。彗星也以一定的轨道、一定的周期绕太阳运动，只不过绕太阳一周的时间相当长，有的要达几百万年之久。彗星周期是指绕太阳公转一圈所需的时间。在已知的太阳系彗星中，恩克彗星的周期最短，绕太阳一圈只需1206天。这颗彗星最初是在1786年发现的。从1786年开始，每当它经过地球附近时，天文学家从来也不会放过，它已经被观测到50多次。

　　人们经常能观察到的周期最短的彗星是施瓦斯曼—瓦赫曼1号彗星、科普夫彗星和奥特姆彗星等，这些彗星几乎每年都在火星和木星之间穿行。

　　周期最长的彗星是"1910A"彗星，估计这颗彗星在400万年以后才可能返回来。

哈雷彗星的魅力

著名的哈雷彗星是以英国天文学家哈雷的名字命名的。1976年驾临一次的哈雷彗星，1985～1986年又一次再现于地球上空。这位稀客的到来惊动了国际天文界，一艘艘宇宙飞船驶向太空，无数天文望远镜和射电望远镜追寻着它的轨迹……哈雷彗星为什么具有如此巨大的魅力？

这是因为，地球上的人类、动物、植物——所有的生物都是由有机分子进化而来的。那么，第一批有机分子是谁给的？彗星是太阳系的成员，彗星的尾巴上带有有机分子，地球上最早的有机分子会不会是彗星带来的？太阳已经50亿岁了，当年构成太阳的原始物质早就荡然无存。彗星远离太阳，可能还带着那些构成太阳的原始物质，对彗星的研究便可继而扩展到对太阳系的研究。近年来，国际天文学界有一个大胆假设，他们认为，太阳是双星，它的另一个"双胞胎兄弟"，不在离地球10亿千米的太阳系外奥尔特云的外面，而在奥尔特云层中，有1万亿颗彗星！这另一个太阳每隔2600万年就要去奥尔特云附近做一次"客"，使一些彗星受到摄动，于是就引起地球上一系列的生物、地质变化。当然，这是一个假设，是否真有其事，也得依靠对哈雷彗星进一步的研究才能得出结论。

探测哈雷彗星

根据"乔托"号探测器从距哈雷彗星彗核 600 千米处、苏联"维加"号探测器从 8 万千米处发回的照片，证明哈雷彗星彗核是一个体积为 15 千米×10 千米×8 千米、形同不规则的椭圆体，外壳系一冰层，表面覆盖着一薄层由碳和尘埃构成的绝缘层，那里存在由碳、氧、氢、氮等元素组成的非生命有机物。

通过对"乔托"号发回的大量照片的分析，发现哈雷彗星彗核表层构造差别很大，有许多隆起、坑窝、裂隙和洞穴。当彗星接近太阳时，其中的物质受热而挥发，使原表面形成坑窝，致使整个表层地貌凸凹不平。"乔托"号测量出哈雷彗星彗核自转周期为 53 小时，朝阳面日照时间长，温度高达 42 摄氏度，而背阴面温度为零下 70 摄氏度，内部温度更低，达到零下 7e0 至零下 123 摄氏度。

"乔托"号测量出构成彗尾的物质 80% 为冰，其余的大部分是二氧化碳。其密度为地球上大气密度的几千亿分之一，彗尾中微粒运动速度为每秒 3000 千米，彗核每秒供给彗尾 25 吨气体和 3 吨尘埃。

"乔托"号提供的资料还可研究彗核喷射物同星际空间的气体和磁场相互作用的方式，对于研究彗星气体的运动以及供其运动的星际空间的气体和磁场相互作用的方式等具有重要的价值。

"星尘"号空间探测器

　　1999 年 2 月 6 日，美国卡纳维拉尔角航天基地发射了一个名为"星尘"的空间探测器，它已于 2004 年 1 月与"维尔特 I"彗星相遇。虽然，历史上也曾有别的探测器访问过彗星，但不同的是，"星尘"号空间探测器首次带回彗星的尘埃，为科学家提供了第一手的研究资料。科学家为"星尘"号探测器安装了一个网球拍大小的尘埃搜集器，当飞往彗星时可以用来捕捉彗星中的尘埃粒子，接着在历经两年艰险的行星间旅行之后，把其宝贵的搜集物用空投的方式送到地球。

　　虽然探测器会绕太阳两圈，以调整其轨道与彗星轨道重合，但是"星尘"号和"维尔特 I"彗星之间仍会以接近每秒 6.4 千米的速度飞啸而过，这是子弹速度的 10 倍。为了捕捉到尘埃粒子，又不使其碎裂，科学家采用了气凝胶，这是一种超轻质的玻璃泡沫材料，其中 99.8% 为空气，非常像凝固了的烟尘。它安置在一个直径约 30 厘米的制冰格模样的圆形托盘中。在飞向"维尔特 I"的途中，搜集器的一面用来捕捞从太阳系外飘来的尘埃，待到达彗星处时，再反过来捕捞彗星尘埃。

陨 石

在浩瀚的太阳系中,有无数的尘块和固体碎块,纷纷沿着椭圆形轨道绕太阳转动。它们被称作"流星体"。大多数流星体都很小。当它们偶然地闯入地球大气层时,由于速度达到每秒钟十几千米甚至 70～80 千米,和大气发生剧烈的摩擦,温度升高到几千度甚至上万度,于是燃烧发光,这时我们就看到,天空中出现了一颗流星。小小的流星体在离地面上空好几十千米的地方就烧完了,而一些大的流星体可以把一大片天空照得通亮,这叫"火流星"。最后,没有烧尽的流星体落到地面上,成为陨石。

有些大陨石,在落到地面以前就爆炸了,爆裂的碎块像下雨一样洒向地面。这就是著名的"陨石雨"。

陨石具有许多科学价值。人们根据陨石中放射性物质的含量,证明太阳系中的固态物质是在 46 亿年前形成的。研究陨石高速进入大气层的情况,可以为宇宙飞船返回地面提供科学数据。有的地质学家认为,某些金刚石是在陨石撞击地球时产生的高压形成的,所以研究陨石还可能对寻找地下矿藏有帮助。

有一类石陨石,叫作"碳质球粒陨石"。在这类陨石中发现了 60 多种有机化合物,其中包含多种氨基酸。任何生命都离不开蛋白质,而蛋白质就是由氨基酸组成的。研究陨石,有助于了解宇宙中生命的起源。

陨石的种类

陨石主要有三种：石陨石、铁陨石和石铁陨石。

石陨石是最普通的陨石。模样确实像一块石头，化学成分等也和地球上的石头差不多。

铁陨石的主要成分是铁，所以又叫"陨铁"。例如，1958年在我国新疆青河县境内发现了一块巨大的铁陨石，它含有88.7%的铁，9.3%的镍，另外还有少量的钴、磷、硅、铜等元素。

石铁陨石就好比是石头和铁的混合物，它们包含的石物质和铁镍物质，差不多各占一半。

在落到地面上的全部陨石中，石陨石大约占92%，铁陨石约占6%，石铁陨石只占2%。在陨石大家庭中，除了以上三种外，还有微陨石、陨冰和玻璃陨石。

微陨石是飘落到地球上的宇宙尘埃。它们小极了，直径还不到1毫米，很难发现。陨冰是来自太空，落到地球上来的冰块。这种现象极为罕见，而且冰落到地面上很快就融化了，所以人们难得有机会研究它。玻璃陨石是从宇宙空间掉到地球上的天然玻璃物质。一般有几厘米大小，深褐色或黑色，不透明。我国广东省的雷州半岛和海南岛就发现过不少玻璃陨石。

最大的陨铁

铁陨石约占已找到的陨石总数的6%。中国古代人民很早就用它来制造武器和工具。如我国藁城出土的商代铁刃铜钺，就是用陨铁锻造的。我国最大的铁陨石，是于1898年在新疆青河县境内戈壁上发现的。体积3.5立方米，含铁88.7%，重达30吨，在世界上名列第三，现陈列在乌鲁木齐展览馆。

中国现存年代最古的陨铁，是四川隆川陨铁，大约于明代(1368～1644年)陨落，1716年掘出，重58.5千克，现保存在成都地质学院。

1920年，在非洲纳米比亚南部格鲁特丰坦附近的西霍巴地区，发现一块大陨铁，长2.75米，宽2.43米，重达59吨。这是目前发现的最大的陨铁，这块陨铁至今还留在坠落的原地。

1897年，在格陵兰岛梅尔维尔湾的约克角附近发现一块大陨铁。这个铁陨石是罗伯特·埃德温·皮尔里率领的探险队发现的。这块陨铁重达30.882吨，取名叫"帐篷"，现陈列在纽约海登天文馆里，是博物馆中展出的最大陨星。

最大的石陨石

1976年3月8日，在我国吉林市西北郊区和永吉县境内，陨落了一场世界上规模最大的陨石雨。当时，陨石散落的范围东西长约72千米，南北宽约8.5千米，总面积约500平方千米。共搜集到大、小陨石138块，总重量达2616千克，其中，吉林一号陨石重达1770千克，是世界上最大的石陨石。它落地时砸入地下6.5米，在地面留下短径2米，长径2.1米的椭圆形坑口。研究表明，吉林陨石雨的母体是一个半径约为220千米的小行星，大约在46亿年以前逐渐形成的，它形成后内部温度达到1000摄氏度。据计算，吉林陨石大约埋藏在母体表面以下20千米的部位。大约在800万年以前，这块陨石被碰撞从母体中分裂出来，形成了重约5吨的一块陨石，在空间遨游，运行速度大约每秒45千米。

1976年3月8日15时，吉林陨石以每秒16~18千米的相对速度，追上了地球，并以16度的入射角冲进地球大气层。由于冲击波的作用，陨石表面物质加热熔融、汽化，形成大火球，在距地面19千米的高空爆裂成无数碎块，以不同速度和轨道向地面降落。

吉林陨石无论在数量、重量和散落范围上都是世界历史上罕见的，是珍贵的宇宙样品。

陨 冰

　　1983年4月11日12时50分左右，无锡东升区上空，突然一声尖啸，人们还来不及躲开，只听"呼"的一声，地面上出现一层雾气，周围的电杆和电线强烈地晃动起来。定睛一看，原来地上降下一堆冰块，最大的直径有50～60厘米。经过科学家们考察研究，已证明它原来是"天外来客"——陨冰。陨冰是从哪里来的呢？

　　据科学家们研究，在宇宙间有相当数量的冰物质。经过粗略的计算，光是在太阳系里的冰物质，质量竟然有将近4700个地球那么多！据"旅行者—1"号宇宙飞船探测，木卫二上面有近100千米厚的冰和水。木卫三和木卫四冰的厚度竟有几千千米以上。据推测，天王星上冰的总重量竟比7个地球还重，冰层的厚度足有上万千米。

　　除了这些巨大的冰球之外，宇宙中还有一些冰的"流浪汉"。它们主要是彗星和一小部分以冰为主要成分的流星。它们在太空中漫游时，偶尔与其他天体相撞，个别碎块在飞经地球附近时，受到地球吸引而坠落，这就是陨冰。坠落在无锡的天外来冰，很可能是"流浪汉"中的一个。

宇宙中的冰

地球上自然形成的冰，是水在低温下凝结成的，它的成分是水。宇宙中的冰性质除了水结冰外，还有另外一些碳、氮的氢化物和氧化物所结的冰。宇宙中也有水结的冰，但它常常含有较多的铁等杂质，并且混杂了一些氨冰等。还有一些宇宙中的水冰则有和地球上的冰完全不同的物理特点和内部构造。科学家们把宇宙中的这些水冰按照它们物理性质的不同，分为冰Ⅱ、冰Ⅲ……

在地球上，即使在最冷的南极地区，最厚的冰层也只有 4 千米多，冰层底部承受的压力不会超过 400～500 个大气压。宇宙中的冰层厚以几百千米、几千千米或上万千米计，因此位于深部的冰层承受着巨大的压力。据科学家们研究，当压力超过 3000 大气压，温度低于零下 80 摄氏度时，就会形成冰Ⅱ。它的密度不仅比普通的冰大得多，比水也要大 20%。所以这种冰块不会浮在水面，而是沉在水底。我们不妨叫它"重冰"。更有趣的是冰Ⅲ，它在压力超过 2 万个大气压时才会出现，由于它的密度和内部构造不同，所以温度高达 76 摄氏度时仍不会融化，素有"热冰"之称。

"ALHA81005"陨石

南极的夏天是进行考察的黄金时节。1981年1月,美国地质学家卡西迪领导的7人小组,离开了麦克默多考察站,向西北出发,几天后,他们来到了阿伦山区。这里距考察站230千米。他们注意到,在这白茫茫的冰晶世界中,一个陡峭的冰块下,散落着一些大大小小的奇怪石块。很明显,冰地上是不可能有岩石碎块的,也不可能是谁带到这儿来的。他们认为,这些石块唯一的可能是来自太空的陨石。当它们坠落在冰原上以后,随着冰的运动而离开坠落地,慢慢地移向冰流的终端,并在那里堆积起来。年长日久,多次不同时间坠落的陨石,就会逐渐汇集在一起。经过仔细的搜查,总共收集到了378块陨石标本。

和常见的陨石一样,这些天外来客都有一层黑色的熔壳,上面还有许多被叫作"气"的小坑。这些都是它们与大气摩擦燃烧留下的痕迹。然而,人们注意到,在这众多的陨石标本中,有一块却与众不同,它略微呈淡红色,是由许多大小不一的角砾状碎块胶结而成的。它与世界各地已经收集到的所有陨石比较,可以说找不到与它面目相似的"同胞兄弟"。人们把这块陨石编写为"ALHA81005"。那么它是从哪里来的呢?

当人们仔细地研究这块陨石时,发现它与月球岩石标本有许多相似的地方,因此有人认为它来自月球。

它是不是陨石坑

广东省韶关市东南约 45 千米处，有一个凹陷的锅状盆地，深 250 米，直径达 3 千米。它的南北端均有弧形堤埂，两边危崖耸立，十分险峻，仿佛是"天神"特意修饰成形的。然而，这位"天神"是谁呢？

我国科学工作者经过努力终于把疑团揭开了：这个凹陷的锅状盆地原来是一个陨石坑。他们从五十万分之一比例的卫星照片上，发现东经 113 度 55 分、北纬 24 度 43 分的交会处有一个"绿豆点"，是个陨石坑的形迹。科学工作者按图索骥，寻觅到这个锅形盆地，经考察证实是陨石"砸"成的。坑的南缘堤埂由花岗岩构成，北缘堤埂由距今 3.7 亿年左右的砂页岩组成。这个陨石坑处于两种岩石的接触带上。

一般说来，陨石坑的判断指标主要是：具有从坑中心向外的辐射状和放射状擦槽；坑形呈圆形或椭圆形；具有大量冲击变质标志，如冲击玻璃、冲击角砾岩等；四周堤埂呈倒转层现象。韶关市东南这个陨石坑就全面具备了上述判断指标。

世界上已发现的大大小小陨石坑已达 300 多个。新发现的南极洲威尔克斯兰德陨石坑，其直径达 240 多千米，是目前发现的最大的陨石坑。

研究陨石坑

陨石是质量大的流星体进入地球大气圈后，未完全烧毁而坠落在地面上的天然固体物质。根据测算，当一块直径为 4 千米的小陨星以每秒 15 千米的下坠速度撞击地面时，能释放出 3×10^{29} 格的巨大能量，比几百颗氢弹的威力还要大得多，足以形成一个直径为 50 千米，深达 3 千米的大坑。

因此，很多专家认为陨石对地球的撞击作用不可轻视，它是引起地球灾变、恐龙灭绝、地磁反向、盆地和湖泊形成等的重要因素。有人甚至把秀丽如画的太湖也看成是一个大陨石坑。陨石在地球大气中高速飞行，因其前端空气被强烈压缩，温度陡升，使得陨石表面迅速熔化和汽化，伴有耀眼的火光和霹雳般爆炸声，引起人们很多遐想。烧剩的陨石落在地面上，带来了地球之外的大量信息，这对研究太阳系的形成和演化具有重要的科学价值。

科学家们把某些地质、地貌现象的成因联系到天体陨落上去，这是受观测月球的启迪。月球表面上锅形盆地(又称环形山)多达 3 万个以上，宇航员乘"阿波罗"号登月考察，结果发现那是宇宙物体撞击形成的。由此及彼，天文、地质专家们目前在地球上已找到陨石坑、陨石湖近百处。

通古斯大爆炸

1908 年 6 月 30 日,印度洋上空突然闯出一个庞然大物。它喷射着蓝白色耀眼的火光,以迅雷不及掩耳之势直冲向西西伯利亚中部通古斯地区泰加莽林。随后,从那里传出了一阵巨响,并升起一团蘑菇状烟云。

这次大爆炸,引起了人们的种种猜测。1946 年,苏联军事工程专家卡萨茨夫大胆地提出了通古斯大爆炸是一艘外星球太空飞船而引起的推测。他的推测在科学界中引起了极大的震动和骚动。此后,人们在那里找到了一些球状的硅酸盐和磁铁矿,这些材料恰好是制造宇宙飞船外壳的最理想的防爆材料。

不过,卡萨茨夫的推测实在太富于幻想了,以至不少人都认为根据不足。特别是当科学家把从该地区采集到的泥炭放在特制的高炉中焚烧,结果在余烬中发现不少金刚钻微粒石,不少研究者的立场又回到最原始的观点上来,认为通古斯大爆炸只不过是陨石造成的。因为金刚钻只能在超高压的条件下生成,而在自然界中,只有地球深处才具备超高压的环境。此外,宇宙中天体的高速碰撞,也能产生超高压,例如有一种叫纤闪石的陨石,其金刚钻含量就达到 1% ~ 2%,而它一直被认为是天体碰撞的产物。在通古斯地区发现的金刚钻,其中所含的放射性碳 14 的数量也与陨石中碳 14 的含量相仿。这说明,通古斯的金刚钻很可能来自陨石。

"雷公墨"

　　暴雨倾泻后的海南岛，往往会发现地里有一种杏子大小，长约十几厘米、样子奇特的黑色玻璃质石块。由于它总是在雷雨之后出现，因此被认为是"雷公墨"。

　　那么，"雷公墨"是怎么形成的呢?目前科学界大致有五种解释:

　　第一种认为它与雷电有关。从分布特征看,在我国"雷公墨"不仅在海南岛有,也可见于雷州半岛、闽粤沿海和台湾等地。

　　第二种认为它是火山喷出的物质。当火山爆发时,喷出的炽热气体中充满了火山灰,并常伴有雷电,闪电使灰尘形成一种气泡,它常会因种种原因而破裂,形成一些物质掉到地上。

　　第三种认为它是陨石。每一散布区的玻璃陨石代表了一次陨落事件,因此它们都有相似的年龄值。

　　第四种认为它来自月球,可能是月球火山喷发物溅到地球上形成的。

　　第五种认为是地球陨石坑的产物,它的形成与偶尔陨落的巨大陨石的撞击有关。对古地磁的研究发现,地磁极会突然转向,它与巨大陨石的撞击有关,而几次"雷公墨"的形成年龄正好和地磁转向年龄吻合。

天是什么

　　我国晋代的学者张湛在注《列子》的时候，下了个定义说："自地以上皆天也。"这句话现在看来是正确的。我们可以说，处在地球以外的一切客观存在都是天。天和地又是相对的，从别的星球上来看，我们的地球也是天上的一个物体——天体。

　　意大利学者布鲁诺认为，天是无边无际的；恒星是巨大的天体；有些恒星的周围可能有地球一类的行星；这些行星上也可能有和人一样的生物。布鲁诺的这些说法是和当时的传说观念针锋相对的，因而受到了教会的极端仇视和迫害。罗马宗教裁判所在把他关了 8 年监狱之后，又用火刑把他烧死在罗马的百花广场上。但是，真理是不以人们的意志为转移的，再残酷的刑罚也阻止不了科学的发展。布鲁诺死后不到 9 年，另一位意大利学者伽利略就发明了望远镜，开辟了人类探测宇宙的新时代。从那时起，这 400 年来，人们利用望远镜和光谱仪等探测天空的结果，越来越证明布鲁诺的观点是正确的。今天我们知道，地球是太阳系的一个成员，在太阳系外面还有千千万万个太阳，这些太阳组成银河系，在银河系外面还有千千万万个银河系，宇宙是无限的。

原始恒星

　　20世纪30年代,不少科学家依据星球弥漫物质(气体、尘埃)与恒星的关系,肯定地推断:由于密度极小的星际弥漫物质分布不均匀,较密的物质吸引较疏的物质,使星际弥漫物质拢集。拢集在星际间的弥漫物质又因恒星的微粒辐射和光辐射产生的压力集结而成星云。新生的星云物质密度仍很小,温度也极低,不过它能吸引周围的星际物质,体积膨大,质量增加,以至达到太阳质量的万倍以上。大质量的星云,中区区域承受外围的压力较其他区域大得多,从而被显著压缩,密度增大。星云各部分密度的不均匀必然导致涡旋运动,进而可能碎裂成许多块。那些大的碎块在自行力作用下逐渐形成气体球。每个这样的球状体即是一颗恒星的胚胎——星胚。星胚也就是原始恒星。它的质量为太阳质量的 0.1~10 倍;其体积小于星云,大于恒星,约为太阳直径的成千上万倍;其密度介于恒星和星云之间;而温度很低,在零下200 摄氏度左右;几乎不透明,并已开始引力收缩。由于引力收缩,原始恒星的体积会不断缩小,密度将逐渐增大,温度则逐渐上升。经过 1000 万~1亿年,当温度达到足以使之向外较大量地辐射能量时,它便跨进了恒星的幼年阶段,成为红外星。

能看到多少颗星星

晴天的夜晚，天空布满了星星。平常我们用肉眼所能看见的星星，只有6000多颗，那只是因为我们视力有限的缘故。倘若使用天文望远镜，单银河里就有1200亿颗以上星星供我们观察呢！

知道了星座和星等以后，就可以在密密麻麻的满天星斗中，按照星座的顺序，一个一个地辨认、观察，并且把每一个星座中的星星，按照它们的星等分别计数，而不至于发生遗漏或重复的毛病了。这样，就可以把天空中观察到的星星数目计算出来了。经过天文学家们的统计、分等，发现亮度大的星星很少，亮度小的星星则很多，一等星20颗，二等星46颗，三等星134颗，四等星458颗，五等星1476颗，六等星4840颗，一至六等星有4974颗。由于一个人站在地球上只能看见天空的一半，所以我们肉眼能看到的星星，实际上不过3000多颗。倘若到天文台上去用望远镜看一看，发现就大不相同了。即使是用很小的望远镜，也可以看到八等星或九等星，总数都在5万颗以上。如果使用现代最大的天文望远镜就可以看到十八等星，总数不下几十亿颗。如果应用特殊的照相方法，甚至可以把二十三等星拍照下来，那数目就要超过100亿颗了。

恒星的命名

我国古人把天上的一些恒星组合在一起,给定一个名字,叫作星官。每个星官所占的天区范围大小不一。在许多星官中有 31 个占有重要的地位,称作三垣二十八宿。三垣是紫微垣、大微垣和天中垣,其中紫微垣包括天北极附近的天区。二十八宿是日、月经过的天区中的星宿。一个星宿包括好几颗星。比如夏夜南方天空中的大红星(天蝎座 α

星)称为心宿二,其旁边的两个小星称为心宿一与心宿三。这些星宿的名字大约在春秋时期就开始了。战国时天文学家石申著的《石氏星经》中就有 121 颗亮星的名字。

我国历代还编制了另一些星表。1972 年南京大学天文系编的《全天恒星表》中包含有 21 429 颗星,每颗用一个号码来表示。

在国外,古希腊人把星星与神话故事联系起来,用神话中神与动物、用具的名称来称呼星星,如仙王、仙后、猎户、金牛等。实际上也是一个个天区,称为星座。每个星座中的星用希腊字母的顺序表排列,如猎户 α(中名参宿四)、猎户 β(参宿七)。特别亮的星有专名,如天狼星、北极星等。希腊字母只有 26 个,一个星座中的星超过 26 个的就用数字来表示,如天鹅 61 星,即天鹅星座中第 61 号星。

划分星星的区域

因为星星太多，天文学家为了寻找、观察的方便，就把天空中的星星按照位置分成了许多区域，又按照发亮的程度分成了许多等级。

现在各国通行的划法，是把天空分为 88 个区域，每一区就是一个星座，并且参照星座中主要星星的排列形式，编绘成像天神、动物和器具等各种各样的图形，作为星座的名字。例如，仙王星座、仙后星座、仙女星座、天龙星座、大熊星座、小熊星座、金牛星座、飞马星座、猎户星座、狮子星座、天鹰星座等。

天文学家除了划分星座外，还根据光芒的强弱，把星星划分成若干等级。一般是把在眼睛里看起来很亮的星定为一等星，稍差一点是二等星、三等星，眼睛刚刚能看到的是六等星。一等星的亮度，差不多等于将一支蜡烛放在 1 千米远时，所能看到的亮度。从一等星向下，每差一等，光度大约相差两倍半，六等星的光芒刚好相当一等星的 1%。随着望远镜的发明和不断完善，能看到的星愈来愈多，所以从六等星往下，又继续分下去，到目前为止，已经划分到二十几等星了；同时还发现了许多比一等星更亮的星，就倒着向上推，分别把它们列为零等星、负一等星、负二等星等。

恒星在飞驰

　　从前，人们认为恒星是永恒不动的，所以也把它叫作定星，来和终年流浪的行星相区别。后来，由于观测技术的进步，发现恒星在天空中以无比惊人的速度在飞驰。现在，已经测出了1.6万多颗恒星的运动速度。它们的速度绝大多数是在每小时几千千米到几万千米之间，也有不少是超过几十万千米的。就连和我们最亲密的被人们认为永恒的太阳，也以每小时7200千米的高速度在飞驰！

　　恒星的这种运动，是受到银河系间的万有引力作用的结果。

　　恒星在飞驰，我们却观察不到这种现象，这是因为我们离恒星的距离实在太远了。就拿我们熟悉的织女星来说吧，它和我们地球相距27光年。这样远的距离，我们怎么能用肉眼观察到它的变化呢！要观察它，要用相隔几十年的、用望远镜拍摄的星空相片来比较。这样，我们就可以看出某些恒星微小的移动。

　　由于恒星是在不断地运动着，天空中的星座迟早都要改变形状。譬如，北斗七星中的各颗恒星都各自朝一定方向运动，因而它们之间的相对位置将会逐渐发生变化，慢慢就会失去"斗"的形状；天鹅的翅膀将一个劲儿地往里收敛……代替现代星座而出现的将是其他一些同样是暂时的恒星集团。

牛郎织女不能相会

农历七月初七，是我国民间传说中牛郎织女相会的日子。

的确，夏秋之夜，天上银河西侧有颗明亮的星，旁边四颗小星，构成一个平行四边形，像织布用的梭子，这颗星叫织女星。银河东侧，与织女星遥遥相对的那颗明亮的星就是牛郎星，也叫牵牛星。牵牛星两旁各有一个小星，三星成一线，统称为"扁担星"。牛郎星、织女星，容易辨认，成为古代航海导航的星体之一。

织女星是一颗亮星，躯体庞大，有 30 个太阳大。亮度比太阳亮 50 倍左右。它的表面温度在 9000 摄氏度以上，比太阳高 3000 摄氏度。牛郎星的直径不到两个太阳的直径，比太阳亮 10 倍，表面温度比太阳高 2000 摄氏度。

我们地球与织女星的距离，若用每秒 30 万千米的光的传播速度"走"的话，也要 27 年才能"走"完（光"走"一年为 1 光年，1 光年约等于 10 万亿千米）。相距之遥，简直不可思议。"牛郎""织女"虽被古人称为"盈盈一水间"，但实际上相距有 16 光年。如果像人们所说的那样，牛郎、织女一定要相会的话，就算牛郎腿快每天能走 100 千米，走到织女星也要 40 亿~50 亿年。即使乘坐每秒 11 千米速度的火箭，也要 40 万年以后才能相会。

最亮的星星

满天星星几乎都是会发光发热的恒星，它们之中最亮的是天狼星。

天狼星在哪儿呢？冬天的夜晚，仰望南方的天空，你一定会注意到美丽的"猎户座"。这位神话中的猎人由7颗很亮的星组成，上面两颗星是肩，中间三颗星（叫作参宿三星）是腰带，下面两颗是两条腿。"腰带"向上延长，正好指向狂奔而来的"金牛"（指金牛座）的眼睛——这颗亮星叫"毕宿五"；"腰带"向相反方向延长，就会遇到这颗全天最亮的明星——天狼星。说天狼星最亮，这亮度又用什么来表示呢？

公元前2世纪，希腊天文学家喜帕恰斯把肉眼可以看见的恒星分成六个等级，叫"星等"。最亮的是一等星，全天大约有20颗，其次是二等，然后是三等、四等、五等，最暗的是六等星。

天文望远镜产生以后，我们可以看见许许多多比六等更暗的星，现在，最暗的已经排到二十三等，比肉眼看得见的星暗好几百万倍。总之，数字最大，星星越暗。反过来，数字越小，星星越亮。0比1小，零等星比一等星亮，再比零小的数，就是负数了，更亮的星就是负一等星，负二等星……

天狼星的亮度是1.4等，太阳是 −26.7等，太阳比天狼星亮130亿倍。

天狼星的亮度

看起来太阳比天狼星亮,是因为跟所有别的恒星相比,太阳离我们太近了。

太阳离地球 1.5 亿千米,天狼星离地球 83 万亿千米,比太阳远 55 万倍。要比较它们真正的亮度,必须把它们放在一样远的地方。

把它们放在多远进行比较最合适呢?天文学家们设想,统统将它们"移到"308 万亿千米的远处,再来比较它们的亮度,确定它们的等级。这种等级就叫作它的"绝对星等"。

太阳的绝对星等是 4.8 等,天狼星的绝对星等是 1.3 等,大约是 25 个太阳才有天狼星那么亮。虽说我们在地球上看起来是天狼星最亮;但是与真正的亮度冠军相比,天狼星还差得很远。今天在人们所知道的恒星中,真正最明亮的星是 R76,它的绝对星等是 −9.4 等,抵得上 48 万个太阳。

宇宙中也有许多很暗的恒星,有一颗星的亮度只有太阳的五十万分之一。

你看,有多巧,太阳正好是一颗不太亮又不太暗的恒星,最亮的星差不多比它亮 50 万倍,最暗的星差不多比它暗 50 万倍。可见,恒星的亮度最多要差几千亿倍呢!

星球之间的引力

太阳系里天体都存在着力的作用,现在我们可以直接探测到以及根据观测的现象推测出10种作用力:

一是磁与磁之间的作用力。

二是太阳的强大的辐射光对星体所产生的辐射的斥力(即光压)。

三是太阳的静电场与行星的静电场及它们的卫星的静电场之间所存在的异性相吸引的引力。

四是太阳磁场对在磁场里高速运动的(带电体)行星所产生的洛仑兹力。

五是行星及它们的卫星以及小星体、彗星等,高速围绕太阳公转的过程,所产生的离心力。

六是太阳风对星体所产生的作用力。

七是使九大行星和它们的卫星们及小星体群以及众多的彗星等星体都趋向太阳磁赤道平面方向的作用力。

八是使九大行星和它们的卫星及小星体群以及众多的彗星等,高速围绕太阳运行的运动力。

九是使太阳和九大行星及它们的卫星们产生自转的动力。

十是星球的重力引力。

北极星指示正北

北极星在天空中属于小熊星座,叫作小熊座 α 星。北极星为什么能指示正北方向呢?这是因为地球在自转,它的自转轴恰好对着北极星附近。所以地球不论自转到什么位置,人们在地球上来看,北极星就好像总是固定在一个位置上。地球自转所对的方向在天文学上叫作北天极。根据这一点,生活在地球北半球的人们可以根据北极星的高度角,定出所在地区的地理纬度,也就是说北极星的地平高度等于当地的地理纬度。

严格地讲,北极星并不是正好位于地球自转轴的方向,它距离北天极相差大约 1 度, 因此北极星也要绕着北天极每天转一个圆圈,只是因为这个圆圈的半径很小,人的肉眼就觉察不出来了。

小熊座 α 星的赤纬为 89 度 09 分, 现在没有比它更靠近北天极的星了,所以它荣获了北极星的称号,但是这顶桂冠并不永远属于它。经过精密的观测和计算,天文学家推算出,4000 多年前的北极星,是天龙座 α 星。到 3500 年时,仙王座 γ 星将成为北极星;到 7500 年,北极星将由仙王座 α 星担当;到 14000 年时,大名鼎鼎的织女星,将登上北极星的宝座。这是由于地球的自转轴有规则地改变着它在天空上画出一个圆圈,圆圈上的每一点,都有幸充当北天极。地球自转轴转一圈大约要 2.58 万年。

天体也互相"吞食"

天体物理学家早就预言：如果有两颗星球彼此靠得十分近，那么其中的一颗就可能被另一颗吞食掉。现在，天文学家已经观测到星球吞食的现象了。

宇宙的星球有的是单个存在的，有的三五成群，有的是两颗星相互绕转。星球吞食，往往发生在靠得很近、相互绕转的双星中。双星你吸引我，我吸引你，两者的距离将越靠越近，在轨道上运行的速度越转越快，比起其他的星球来，也衰老得快一些。由于衰老的缘故，其中一颗星球开始膨胀，它的外层就会形成一个巨大而稀薄的大气层，这对于它的伴星来说，就像撒开了一张网，只要伴星向网靠拢一步，就必定会成为它的"网"中俘虏，在天文学家的眼中，这颗伴星就被吞食了。

不仅星球会互相吞食，由无数颗星球组成的家族——星系，竟然也会互相吞食！美国科学家对星系 NGC1316 进行仔细的研究，发现它吞没了一个小星系，这个小星系的质量约为太阳的 1 亿倍，射电望远镜观测到它在 NGC1316 内部继续旋转，而大星系却不转。由于这个小星系的气体"闯"进了大星系里，所以 NGC1316 发射出很强的无线电信号。可见，天体的互相吞食在宇宙间也是很普遍的现象。

变星双星的命名

天上有不少恒星的亮度是有变化的,称为变星。1844年德国人阿格兰德尔创立了变化星命名法。规定变星按发现的顺序,用拉丁字母R、S、T……E来记录。比如金牛座中发现的第3个变星,定名为金牛T星。后来发现的变星的数目不断增大,单字母法不够用,不得不用双字母及数字表示,如RR,RS……AA,AB……V334,V335等。至今发现的变星已超过2万个。

恒星中有不少是成双结对的,这类星称为双星。双星一般由编星表的人给予一个号码。英国人威廉·赫歇耳编制了848对双星表,代号为H。俄国人斯特鲁维的星表(Σ)及其儿子的双星表(ΟΣ),用得比较广泛。如双星ΟΣ1965就表示是奥托·斯特鲁维表中的第1965号双星。星空中有一些像云雾一样的天体,称为星云。星云可分为性质截然不同的两类:一类是我们银河系内的气体尘埃组成的真正星云;另一类是像银河系一样的河外星系,由于距离很遥远而看成为星云。星云的标记有M及NGC两种。M是《梅西耶星表》的代号,NGC为《星团星云新总表》的代号。同一个星云可以有几个称呼,如NGC1952就是M1,为金牛座蟹状星云,NGC的补编代号为IC,包含有1.3万多个星云。

带尾射电星系

提起带"尾巴"的天体,人们马上会想到常被称作"扫帚星"的彗星。因为彗星在到达太阳附近时,由于太阳的热和光压的作用,使组成彗星的冰冻碎块形成了一条气体的"尾巴"。著名的哈雷彗星的"尾巴",最长时竟达到 2 亿千米。然而,在宇宙中还有什么带"尾巴"的天体呢?

人们利用专门接收天体发射的射电源的特殊望远镜,在遥远的宇宙中发现了另一类带"尾巴"的天体,称它为"带尾射电星系"。位于御夫座边缘的星系 3C129,它的头部可用光学望远镜观测到,而后面拖着一条长长的、不发光而发射无线电波的"尾巴",只能用射电望远镜才能看到。"尾巴"长达 1200 亿亿千米,比哈雷彗星"尾巴"还要长 600 亿倍。

那么,星系的这条"尾巴"是怎样形成的呢?原来 3C129 的头部以大约每秒 3000 千米的速度在星系际空间内运动。它一边高速运动,一边向后面抛射出一团团的电子气体。电子气体的运动速度接近光速,

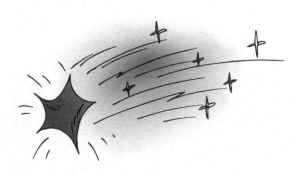

能够发出射电辐射,所以只有射电望远镜才能观测到它。由于星系在向前运动,它抛射出来的气团总是落在后面,因此在它的背后就形成了一条长长的"尾巴"。

银　河　系

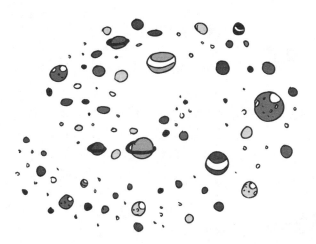

天文学家通过观测和研究,发现在满天星斗中,除去个别的行星、卫星、流星、彗星以外,绝大多数都是恒星。这些恒星和太阳组成一个庞大的星星集团,叫作银河系,也就是俗话所说的银河或天河。

银河系里的恒星多极了,这些恒星和我们平常所看到的那些恒星,并没有什么差别,只是它们离地球太远了,人们不能用肉眼把它们分辨出来。因此,银河系看上去像一条乳白色的光带。这情形正如同我们从远方看城市中的万盏灯光一样,所看到的不是一盏盏的灯,而是白茫茫的一片。据现在的估计,银河系中的恒星最少也在1200亿颗。

但是,在整个宇宙中,银河系只不过是很小的星群,在银河系的外面,最少还有1亿多个和银河系相似的星星集团,那叫作"河外星云"。这1亿多个河外星云和银河系加到一起,也只不过是宇宙很小的一个部分,天文学家把这个能够观测到的范围,叫作总星系,它远不足以代表宇宙的整体。今后,随着科学的发展,一定还会发现更多的星星,更多的河外星云,所以说,宇宙是无限的,星星也是数不清的。

宇　宙　尘

宇宙尘是起源于地球之外的尘埃物质。根据实测，其微粒很少超过12立方微米。它们大致可分为三种类型：黑色磁性宇宙尘、硅酸质宇宙尘和玻璃质宇宙尘。在古地层中发现的宇宙尘多属于黑色磁性宇宙尘。这是因为其他两类尘粒与周围的岩石很难区别开来，在地层分析时多被忽略，而磁性微粒则比较容易寻出来。

宇宙尘尽管非常纤小，却具有重要的科研价值。第一，部分宇宙尘比陨石更古老，有的还来自太阳系之外的星际空间，反映了太阳系形成早期的历史以及太阳系之外宇宙空间的情况。第二，由于宇宙尘在太空中飘游，长期接受太阳风粒子注入和宇宙线的照射，可以使我们了解太阳风的历史演变，了解宇宙中核反应过程。第三，研究宇宙尘，也将促进人们对地球演化的了解。此外，科学家们还试图通过对宇宙尘的研究，了解在宇宙中存在生命的证据。据说地球冰期的出现和某些生物的灭绝事件也都与宇宙尘有一定关系。高速运动的宇宙尘，还有可能对飞船乘员造成伤害，因此了解宇宙尘在太空中的分布密度和动态，对宇航事业也是十分必要的。由于上述原因，对宇宙尘的研究，现在已成为天文学家、地质学家、宇航学家、生物学家等普遍感兴趣的课题。

宇宙的不速之客

从宇宙空间辐射到地球上的宇宙射线,能量极大,穿透力比爱克斯射线和丙种射线更强。形形色色的宇宙来客,是天体演化过程的产物。它们为我们提供了天体演化过程的信息。同时,在天体演化过程中,不断形成的诸如超高温、超高压、超高真空、超强磁场、超高能量等非人工所能实现的极端物理环境,又为微观世界各种基本粒子的反应提供了决定性的条件,并为研究微观粒子、元素合成提供了一个宇宙实验室。

在高能加速器建成以前,让我们伸开双臂,热烈欢迎宇宙射线这位贵客,同我们一道做一些有利于研制和发展探测器,培养实验人才的高能物理实验;在高能加速器建成以后,我们这些远方朋友们就可以继续为加速器实验提供新线索。倘若我们有什么新的物理思想,而加速器的能量又暂时达不到时,也不妨求助于这位朋友一块试试。这有助于人类进一步认识自然界的历史,掌握自然界的基本规律,寻找新能源。

遗憾的是尽管宇宙线已经成为基本粒子这个大家庭的重要成员,

然而,这位谦虚的朋友,时至今日也没告诉我们它是来自宇宙深处的什么地方。它到底是来自太阳呢,还是来自银河系或者是河外星系呢? 这还有待于高能物理学家协同高能天体物理学家们去内查外调。

宇宙射线的发现

20世纪初,奥地利物理学家赫斯在一个上升的气球上,安装了能自动记录空气电离强度的验电器。当气球上升到离地面1千米、5千米、9.3千米的高空时,他出乎意料地发现:空气的电离强度在不断地增加,最后竟高于地面40倍!按理说,空气电离是由于地球上放射性元素辐射引起的。

奇怪的是,为什么空气的电离强度反而增强了呢?赫斯推测,一定是有一种来自宇宙深处的新辐射。于是他不辞劳苦,反复测验,终于发现了这位来自宇宙深处的不速之客——宇宙射线。

宇宙射线的发现,激起了许多物理学家的浓厚兴趣。1932年,美国物理学家密立根用一种特殊装置连续两天两夜每隔15分钟进行一次拍摄,在几千张记录照片中,突然发现一种质量和电子相等,但是带正电的粒子——正电子。1937年,又发现一种质量介于电子和质子之间的新粒子——μ介子。随后,π介子、重介子、超子接踵而至。这些从宇宙深处射进地球大气层内的能量非常高的粒子流,状似线形,人们

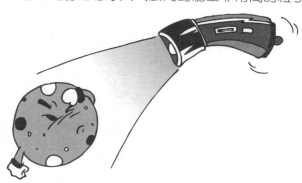

称它们为宇宙射线,也叫宇宙线。1946年,美国科学家鲍威尔使用高度准确的"核子乳胶照相法",证实了宇宙射线中确实存在有不同类型的介子。

大爆炸宇宙学

大爆炸宇宙学是现代宇宙学中最有影响的一种学说。它认为宇宙是从大约150亿年前温度和物质密度极高状态的一次"大爆炸"中产生的,宇宙体系并非静止,而是在不断地膨胀,发生着温度从热到冷、物质密度从密到稀的演化过程。这种宇宙模型最初由苏联数学家米尔顿·弗里德曼于1922年和比利时天文学家勒梅特于1927年提出;20世纪40年代,美国天文学家又进一步加以发展,形成了宇宙大爆炸理论。

根据大爆炸宇宙学观点,宇宙的早期温度高达100亿摄氏度以上,宇宙间只有密度极高的中子、质子、电子、光子和中微子等基本粒子形态的物质。但因整个体系不断膨胀,温度很快下降。当温度降到10亿摄氏度左右时,中子开始失去自由存在的条件,有的衰变,有的则与质子结合成为重氢、氦等元素,由此形成了最早的化学元素。当温度进一步降到100万摄氏度时,早期化学元素的形成过程完成。当温度下降到几千度时,宇宙间的气态物质逐渐凝聚成为气云,再进一步形成各种各样的恒星体系,成为我们今天的宇宙。

随着宇宙膨胀的继续进行,银河系的大多数恒星终将衰老,太阳也终将演化成一颗高光亮度的红巨星,其半径可能达到水星轨道,地球上的海洋和大气均得丧失……

伽马射线的爆发

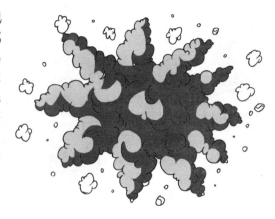

γ 射线同无线电波、光和 x 射线一样，都是电磁辐射。不过，伽马射线的波长最短，频率最高，能量也高。可见光的能量约为 2.5 电子伏，而伽马射线爆发，就是伽马射线的一种极短暂、极猛烈地释放能量的过程，它的能量可高达几万到几兆电子伏。

由于大气层对伽马射线有强烈的吸收作用，所以在地面上是不能直接探测到的。要想发现它，就必须利用火箭和人造卫星，到地球大气层以外去探测。可是，人造卫星上用来记录各种信号的仪器方面性较差，再加上伽马射线一次爆发之后就再不露面了，因此很难确定爆发源的方位和离地球的距离。1973 年以来，对伽马射线爆发事件已经记录了数十次，其中只有少数几次能定出爆发源的确切位置。

多年来的观测资料表明，宇宙伽马射线爆发，平均每年发生 7~8 次，引人注目的一次伽马射线爆发，就是 1979 年 3 月 5 日这一次。在太阳系中不同位置上运行的 9 颗人造卫星，由于都记录到这次爆发，因此爆发源的位置，已比较准确地定出是在著名的河外星系中。 这次爆发的功率高达每秒 10^{44} 格，比太阳的辐射功率大 1000 亿倍！

星系中的大爆炸

1980 年 2 月 20 日,新华社报道了一则《宇宙中的一次大爆炸》的消息。消息说:"1979 年 3 月 5 日,在太阳系中不同位置上运行的 9 颗人造卫星,同时记录了在遥远空间发生的这次大爆炸的伽马射线。科学家认为,'这是有史以来人们所见到的一次最剧烈的爆炸'"。还说:"爆炸只持续了 1/10 秒,但释放出来的能量,相当于太阳 3000 年释放的能量。"

听了这条消息,人们不禁会问,这是怎么回事?原来,这是一次宇宙伽马射线爆发,它是 20 世纪 70 年代天文学最重大的发现之一。早在 1972 年 4 月 27 日,美国监测核爆炸的"维拉"侦察卫星,意外地接收到一种非常强烈但又非常短暂的辐射信号。这奇怪的辐射是从哪儿来的呢?是哪个国家进行了核爆炸?还是太阳上又产生了大耀斑爆发?这个问题使美国的两位天体物理学家很感兴趣。经过认真研究,他们发现这并不是地球上的核爆炸,也不是太阳的耀斑大爆发,而是来自太阳系以外宇宙空间的伽马射线爆发。

他们这一发现在 1973 年 6 月公开发表之后,引起了世界各国天文学家和物理学家的重视。为此,1979 年 9 月,美国发射了一颗名叫"高能天文台—3"号的卫星,专门用来观测宇宙伽马射线。

宇宙中的钻石

据现在普查资料来看，地球上的金刚石蕴藏量很少。

不久前，美国、英国和澳大利亚的天体物理学家经过分析研究一些天文资料，发现天王星和海王星的整个球面都覆盖着金刚石。据科学家预测，这两个星球在形成的早期是一些含冰的气团，外层由氨和甲烷气体包围着，而星球所处的温度达3000～12 000摄氏度之间，压力达到20万～600万个大气压。根据计算和试验，在超过3000摄氏度和20万个大气压的条件下，甲烷首先分解成氢和碳原子，然后碳原子再在温度和压力的作用下，被压缩成特殊状结构的金刚石；而氢原子在这样高的压力和温度下，也可能游离存在于金刚石之中，也可能单独形成另一种特殊结构的物质。

据科学家们分析，天王星和海王星的金刚石，多数覆盖在球体表面，它们的体积占星球总体积的1/3～1/2，有的甚至还多到无数小块的形成在这两颗星球的下层大气中漂浮着。这些漂浮着的金刚石有时由于引力的变化，甚至降落到其他行星表面，或者形成其他漂浮质点的核心和其他星群。仅此一点足见发展航天事业的前景是诱人的，更何况宇宙中还有其他无数星球蕴藏着地球上所没有的稀有矿产呢！

脉 冲 星

脉冲星就是科学家寻找了几十年的中子星,脉冲星是目前人类所知道的宇宙间密度最大的物质。倘若有一天,人类在太空中采回一些脉冲星的物质,哪怕只有一粒花生米大小,也要派200多艘50万吨级的轮船去迎接,每艘船上只要装载芝麻粒大小的一块,就可以满载而归了。

脉冲星的体积很小,平均半径只有10千米,这显然是太小了,甚至没有太阳系中的一些小行星大。

脉冲星是由于它能发出像人的脉搏一样作周期变化的脉冲信号而得名的。比方说,1968年发现的第一颗脉冲星,它发出的脉冲信号周期是 1.337 301 192 27 秒,精确度达到了 10^{-11} 秒,有的脉冲星比它还要准确,达到 10^{-14} 秒,几万年才产生1秒误差。

这样稳定而短暂的信号是由于脉冲星高速旋转造成的。虽然宇宙间的所有天体都在旋转,但使人惊异的是脉冲星自转一周只要1秒多钟。 在人类目前已经发现的各类天体中,除了脉冲星以外,没有一个能够受得住这样高的自转速度。

脉冲星的发现,对物理学的发展产生了巨大的影响。随着对它的研究,还诞生了密物质物理学呢。

中子星的发现

1967 年，英国天文学家休伊什用一台自制的天文射电望远镜，对着太阳附近的空间，接收来自星球的讯号，讯号记录在纸带上。每天记录的纸带有 30 米长，然后由一位女研究生对资料进行分析处理。

女研究生叫乔丝琳·贝尔，那一年她刚 24 岁。她工作起来总是一丝不苟。一天，她发现了一个非常奇怪的信号，每隔 1.337 秒跳动一次，换句话说射电望远镜每隔 1.337 秒收到一次脉冲信号。

贝尔把这奇特的情况告诉了休伊什，他们一起对总长约 500 米的纸带进行了检查。讯号是从太阳发出来的吗？显然不是。他们认为，这种信号一定是从一种人们尚未发现的天体上发射出来的。由于它总是像人的脉搏一样做周期性的变化，他们就把这种新天体命名为"脉冲星"。

脉冲星——中子星的发现引起了轰动，世界上几乎所有的大型射电望远镜都一齐指向了奇怪的天体。仅在 1968 年一年中，人们就发现了 23 颗脉冲星。人们把这项发现作为 20 世纪 60 年代天文学的四大发现之一，休伊什在 1974 年获得诺贝尔物理学奖金。

最重的物质

　　要想回答这个问题,得先从物质结构说起。我们知道物质是由原子组成的,原子又是由质子、中子和电子这三种基本粒子组成的。质子和中子组成原子核,电子在原子核的周围旋转。也就是说,在原子的内部存在着巨大的空隙。

　　不过,原子有一个有趣的特性,如果让里面的质子和电子撞在一起,就会形成中子。于是科学家们就提出了一个有趣的设想:如果想办法让原子里所有的质子和电子都结合在一起,形成全部由中子组成的物质,那么原子里的空隙不就会填满,物质的密度不就会大得多了吗?怎样才能做到这一点呢?关键是要有足够的压力,硬是把本来围绕原子旋转的电子压回到原子核里去。因此,有些思想活跃的物理学家就提出:宇宙中间可能存在着完全由中子组成的中子星。

　　1967年,英国天文学家休伊什找到了中子星—脉冲星。在脉冲星里,原子内部的电子和质子结合在一起,成为中子,所有的中子都一个个地紧紧排在一起。由于物质内部没有空间,它的密度大得惊人,每立方厘米重1亿吨。

宇宙的"边界"

有的科学家在探测事实的基础上认为，宇宙间本来没有星星，当然也没有地球、月亮和太阳，甚至连氢以外的其他元素都没有，只有高度集中在一块的中子、质子、电子、光子、中微子和氢元素。然而，一次规模大得难以想象的爆炸，使它极其迅速地膨胀，不到几分钟温度从几百亿度降为 100 亿度以下，于是宇宙进入了第二阶段，时间约为几千年，温度不断下降，各种元素逐渐形成。当温度降低到几千度时，宇宙跨进了第三阶段，时间很长，目前远远没有结束。在这个时期里，宇宙间的弥漫物质，在引力作用下，先是形成星际云，后逐步收缩为恒星。现在人们看到的千万颗"天体"，就是"大爆炸宇宙"的今天。

在 1973 年，天文学家通过对类星体的探测和计算，得知人类所能看到的最远距离为 347 亿光年。1982 年初，美国的奥斯梅尔曾带有疑问地判断：离我们 347 亿光年的地方也许是宇宙的"边界"。可是，就在奥斯梅尔文章发表后的几天，一颗"破纪录"的类星体被发现了。它处在离我们大约 360 亿光年的位置上，这也就是 20 世纪 80 年代初人类所看到的宇宙"边界"。

远红外探索宇宙

现代空间技术的发展，人类取得了更多探索宇宙奥秘的手段，远红外天文探测就是其中之一。

远红外天文观测主要由红外望远镜、红外探测器等器件实现。气球携带的红外望远镜一般采用分米级口径。目前国外最大的红外望远镜口径已达 102 厘米，一般采用卡塞格林式光学系统。红外探测器有相干和非相干探测器两大类。目前普遍应用的非相干探测器，可进一步分为两个主要类型：量子探测器和热探测器。根据天体的辐射能量分布和探测波段，选择一定半导体结构的红外探测器和红外滤片，就能得到各种红外天体不同波长上的辐射强度，从而能探知各种红外天体的辐射来源、质量流等物理参量。

运用远红外手段，可以更好地对太阳系、银行中心、河外星系、分子云、宇宙尘埃等天体作探测，探索这些天体的物理机制，使之为人类服务。比如，太阳能量对地球的总贡献是不断变化的，而这种变化对地球气候有直接影响。所以，对太阳红外亮度的探测，可得知地球气候的变化趋势，同时，远红外探测对研究天体的化学成分、有机分子的产生，对计算恒星总能量并探明这些能量的来源，对科学解答恒星的结构，物理机制和形成原因，都有现实意义。

电 子 眼

澳大利亚天文学家运用带有
电子眼的光学天文望远镜,成功地
拍摄到船帆座脉冲星的照片。这颗
星体的亮度微弱,只相当于从地球
观察月亮上的一盏 40 瓦白炽灯,
如果不用电子眼就无法觉察。

电子眼实质上是一种对光和
射线特别敏感的传感器。它的品种
规格很多,如果按接受光波范围来
划分,有红外电子眼、紫外电子眼、
X 光电子眼和 γ 射线电子眼等。

红外电子眼是用对红外线极
为敏感的材料制成的,通常分为两大类:一类是光探测器,另一类是热
探测器。红外电子眼不需要直接接触就能获知被测物体的温度、森林
火灾等。装在气象卫星上的红外电子眼,可以预测全球气象变化,进行
天气预报;装在遥感卫星上,通过地球表面微小温差的变化,可以探测
地下热能的矿藏,测量森林面积和土地使用情况,预报粮食产量,观察
农作物生长及病虫害情况;装在军用卫星上,可以发现水下 40 米处的
舰艇、地下导弹发射井、飞机起飞、坦克行驶以及部队集结和调遣;装
在热像仪上,可测量人体热像图,由热像图上的亮度辨别出肿瘤大小
和部位。紫外电子眼、X 光电子眼和 γ 射线电子眼常常和红外电子眼
一起安装在遥感卫星上,对地球进行全波段遥测。

发送太空望远镜

随着美国第一架可往返的"哥伦比亚"号航天飞机的试飞成功，一座"大型太空望远镜"也被送入环绕地球轨道。这座大型太空望远镜，全长13米，直径4.3米，重7.5吨，其主镜的直径为2.4米。

太空望远镜，可不再受到大气的干扰，即使比目前所见的最暗弱的天体再微弱50倍的目标，太空望远镜也能将它记录在案。它的预期分辨能力是0.1角秒，即比目前使用的任何望远镜敏锐10倍。

太空望远镜在环绕地球运行时虽然没有重量，但是由于地球重力场的存在，实际上还是有一股很小的力作用在其身上。因此，要使这座太空望远镜的瞄准能力始终保持在0.1角秒的精度，望远镜内的计算机必须进行复杂的计算，小火箭也必须严格按规定时间点火。

天文学家可以通过这座大型太空望远镜，在深邃的太空中看到比目前地面望远镜所能见到的再微弱50倍的目标。在那广阔无垠的宇宙中，它的视野比地面望远镜增加了7倍。对于遥远的银河向我们发射出光和有关宇宙膨胀的无线电信息，对于爱因斯坦提出的宇宙膨胀理论，将会有更多的发现。我们还可能在邻近的恒星周围找到新的行星甚至渴望看到太阳系中最遥远的行星冥王星的表面。

哈勃太空望远镜

由美国"发现"号航天飞机安置在距离地球 610 千米预定轨道上的哈勃太空望远镜，重达 11 吨，它的长度为 13.3 米，直径是 4.3 米，其中心部分为一面直径是 2.4 米的光学反射镜。望远镜的两侧各有一块长 12 米的太阳能电池板，看上去犹如一对大翅膀。

哈勃太空望远镜整套设备包括八种重要仪器，它会根据需要自动瞄准、跟踪星星，使望远镜准确地指向目标。其观测能力，就好像能把一束激光从华盛顿射到纽约的一个一毛钱硬币上那样神奇、准确。

探索宇宙的形成和发展，必须观察研究充斥于宇宙中的各种射线或波长。由于大气层的限制，地球上的望远镜再先进也无法观察某些射线。太空望远镜则能观察到光线最微弱、最遥远的一些天体。它们的光是这些天体数十亿年之前发出的。

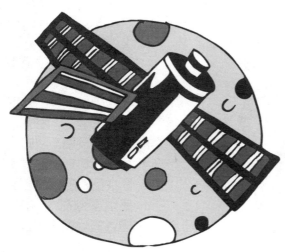

光从太阳传到地球需要 8 分钟，因此人们看到的太阳是 8 分钟以前的样子。如果人们观察距地球 10 亿光年远的星系发出的光，那是在时间上倒退回去观察 10 亿年以前的星系。

21 世纪的望远镜

2001 年发射升空的是"空间红外望远镜",其主镜口径 84 厘米,且配备灵敏度特别高的红外探测元件。为彻底避开地球红外辐射的干扰,它将运行于深空轨道。当望远镜在外层空间处于极低温的条件下进行观测时,比地面观测清晰百万倍!

2005 年发射升空的是"空间干涉望远镜"。它由 7 架 30 厘米口径的镜面组成,进入轨道空间后,将释放排列成长达 9 米的望远镜阵。运用光学干涉技术,其最终的空间分辨率比哈勃太空望远镜强近千倍。

2009 年发射升空的是"下一代空间望远镜",它将接替哈勃空间望远镜的工作。"下一代空间望远镜"是由多块小镜子拼接而成,有效直径约 8 米,为哈勃太空望远镜的 3 倍多一点。它主要在波长为 0.6～10.0 微米的红外波段观测天体,能观测到早期宇宙的大多数活动现象。

最古老的天文台

原始人类从实际生活需要出发，很注意对天体的观测，因此在一些文明古国，早就建立了从事天文观测的天文台。在古希腊文化极盛时期，埃及的亚历山大城就建有著名的天文台。我国相传在夏代就有天文台了，叫作清台，商时称为神台，周朝称为灵台。周文王时灵台筑在都城丰邑的西郊，台高2丈，周420步。西汉时在长安城郊筑有清台，后改为灵台，上有浑仪、相风铜鸟及铜表等仪器。以后历代都修建过天文台。但是，这些古天文台现在都不存在了。目前世界上保留下来的最古老的天文台是632年建于韩国庆州的天文台。

我国保存下来的最古老的天文台是河南登封市的观星台，相传此处是周公测景的地方。唐朝开元年间，南宫说在这里建立了石表，元代初年在这石表的北面建立了永久性的观象台。当时由王恂、郭守敬主持，在全国设立了27个观测站，此台为观测中心。郭守敬曾在此测验过暑景。台为砖石混合结构，平面呈方形，下大上小，高9.46米，连同台顶明代增建的小室通高12.62米。台北设有两个对称的踏道口，可以登台眺望。台顶北部有瓦房一间，北壁中间砌成一个上下直通的凹形直槽，用以测量日影的"景表"表身。

最古老的星图

　　星图是人们观测恒星,认识星空的一种形象记录,根据其坐标位置我们就可以比较方便地认识天上的星星,因而,它的意义就好像我们平时用的地图一样。

　　星图的绘制,在我国有比较悠久的历史。作为恒星位置记录的科学性星图,大约可以追溯到秦汉以前。早在新石器时代的陶尊上就发现画有太阳纹、月亮纹和星象的图案。到殷商奴隶社会中,已经有星名刻在甲骨片上。到了战国时代,大约公元前3世纪,我国便出现了正式的星图。但遗憾的是,历史上很多星图早已佚失,流传到现在的最早作品是在敦煌发现的唐代星图。

　　敦煌星图大概绘制于唐代初期,内容相当丰富。图上共画有1367颗星。图形部分是按12月的顺序,从12月份开始沿赤道上下连续分画成12幅星图,最后是紫微星图。文字部分采用了《礼记·月令》和《汉书·天文志》中的材料。因此,从图文来看,这份星图很可能是一个更古老的抄本。但不管怎样,即使是唐初作品,无疑也是当代世界上留存的古星图中星数最多而又最古老的。

　　敦煌星图原藏于敦煌的莫高窟中,1907年,它被斯坦因秘密地偷盗出国,现藏于伦敦大英博物馆。

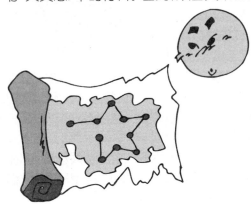

谁编造的"授时历"

现在世界通行的历法叫"格里历",计时相当精确,每年与地球绕太阳公转的周期,只有26秒的误差。但是,像这样精确的历法,我国比"格里历"早300年就已经出现了,这便是元代大科学家郭守敬所造的"授时历"。1276年,元世祖忽必烈因为当时流行的历法不很精确,不能正确报道农时,所以命令太史令王恂和郭守敬修订历法。

郭守敬认为,新的历法必须在测验天象的基础上制订。于是他设计了简仪、浑天仪等13种仪器。同时,还画出了《仰规复矩图》《日出入永短图》等五种天象图,和仪器配合使用。郭守敬一面创造性地工作着,一面又吸收历代的天文学家宝贵的经验来改进自己的工作。他觉得,唐代大天文学家一行和尚,曾在全国13个地方进行观测,所以他造的"大衍历"比较精确。因此,他也组织了14名有技术有经验的人,携带各种仪器,分派到全国27个地方设立观测站。

1280年,公历编造完成了,命名为"授时历"。新历法很精确,如在地球运行周期上,郭守敬算出一年是365.2425日,和"格里历"同样精确,而"格里历"是在300年以后才在欧洲出现的。